U0247973

公民安全防范系列

# 青少年出行
## 安全防范手册
### （修订版）

牟爱华◎编著

中国检察出版社

**图书在版编目（CIP）数据**

青少年出行安全防范手册 / 牟爱华编著. —修订本.
—北京：中国检察出版社，2021.5
（公民安全防范系列）
ISBN 978 – 7 – 5102 – 1848 – 4

Ⅰ.①青… Ⅱ.①牟… Ⅲ.①安全教育 – 青少年读物
Ⅳ.①X956 – 49

中国版本图书馆 CIP 数据核字（2021）第 092185 号

青少年出行安全防范手册（修订版）
牟爱华　编著

责任编辑：俞　骊
技术编辑：王英英
美术编辑：曹　晓

出版发行　中国检察出版社
社　　址　北京市石景山区香山南路 109 号 （100144）
网　　址　中国检察出版社（www.zgjccbs.com）
编辑电话　（010）86423751
发行电话　（010）86423726　86423727　86423728
　　　　　（010）86423730　86423732
经　　销　新华书店
印　　刷　保定市中画美凯印刷有限公司
开　　本　A5
印　　张　5.875
字　　数　110 千字
版　　次　2021 年 5 月第一版　　2021 年 5 月第一次印刷
书　　号　ISBN 978 – 7 – 5102 – 1848 – 4
定　　价　24.00 元

# 目　录　Contents

## 人身安全防范篇

# 走失　绑架　拐骗防范篇

# 交通安全防范篇

# 人身安全防范篇

　　青少年在上学、参加集体活动、购物和外出游玩等出行活动中都有可能出现安全问题。从广义上讲，人身安全包括人的生命、健康、行动自由、住宅、人格、名誉等安全，青少年出行首要的是要保障生命、健康、行动自由上的安全。根据造成损害的原因，危及人身安全的主要有自然灾害造成的人身伤害、意外事故造成的人身伤害、人为因素造成的人身伤害和不法侵害造成的人身伤害等。

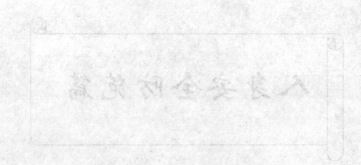

# 一、防故意伤害

故意伤害是指行为人故意伤害他人身体的行为，伤害行为一般表现为以暴力方法或非暴力方法，通过作为的方式实施，如打架斗殴、食物中毒、传染疾病等。在个别情况下行为人有义务防止或阻止他人身体受到伤害，而故意不履行此义务而使他人身心受到伤害。伤害行为可能造成的伤害包括轻微伤、轻伤、重伤、伤害致死。故意伤害严重的构成故意伤害罪，故意伤害罪是侵犯公民人身权利中最常见的一种犯罪。

所谓故意是指行为人明知自己的行为会造成损害他人身体健康的结果，而希望或放任这种结果的发生。故意伤害事件的发生往往起因简单、过程短，具有突发性，并伴随有结伙殴斗、打群架，具有团伙性；实施伤害的人往往心胸狭窄多猜疑，具有报复性。从报复心理引起的攻击行为的时机来看，往往是在感到被忽视、被轻蔑、被侮辱、被压制，人格、尊严受到践踏和伤害的时候，如玩笑口角过分时，受到批评处分时，评功评奖、入党入团、上学提干落空时，疾病伤残、家庭困难、婚恋受挫时等。有的伤害者还表现为缺乏理智，自控力差，具有愚昧性；有的则由于受不良社会风气的影响，多以自我为中心，有极其强烈的排他心理，表现为称王称霸、狂妄自大。

## （一）文明出行，懂得忍让

在现实生活中，出行交往中一个轻微碰撞、一句言语不和，都可能引发打架斗殴，进而发生故意伤害事件。打架斗殴是一种严重而且恶劣的伤害行为。有一些同学或朋友之间产生矛盾，而故意殴打谩骂他人，伤害他人的人身安全，一旦给他人造成伤害，轻则承担民事赔偿责任，重则面临刑罚。

◈【案例一】◈打架斗殴，理亏还张狂

某中学学生小伟听别人说，邻班的小张在背后说他坏话，十分气愤。一天傍晚，小伟在和同学聚餐，正好小张路过。小伟见了小张就很生气，大声辱骂小张。后来两人发生争吵，小伟不由分说，劈头盖脑地打了过去。旁边两位同学原本是来劝架的，但在混乱之下居然也帮着小伟打小张，最终导致小张轻微脑震荡。事后，小伟赔偿了小张医药费，还被给予留校察看处分，另外两位同学则被学校给予记过处分。

◈【案例二】◈为小事挥拳头致人轻伤要负责

一日，小吴在教学楼前的花坛旁向小韩打招呼，小韩未予回应。小吴遂上前打了小韩一巴掌，两人随即互相殴斗。其间，小韩用拳头击中小吴左眼眶，致小吴左眼外伤致左眼球破裂伤。经鉴定，小吴损伤程度构成轻伤甲级。

◈【评析】◈上述两个案例都是因生活中很小的事情而引发的伤害事件。同学间仅凭"哥们儿义气"，不分是非地盲目帮忙，最终拳脚相加，导致涉事青少年都受到学校处分和法律的惩处，给自己和他人都造成了伤害。

◈【防范攻略】◈第一，青少年要文明出行、文明娱乐，出行在外，若因琐事发生口角，可以使用"对不起""不好意思"等文明用语来化解双方矛盾。

第二，遇到情绪激动和脾气暴躁的人，要懂得吃点小亏，学着"难得糊涂"，不要纠着小矛盾死缠不放，要记住"退一步海阔天空"。

第三，我们在平时的学习和生活中，对待同学要尽可能宽容大度，互谅互让，相信没有什么过不去的心坎。

请记住高尔基说过的一句话："每一次的克制自己，就意味着比以前更加强大。"俗话说，最大的敌人是自己，如果我们能做到严于律己，宽以待人，约束自己不好的语言和行为，那么就会减少很多的麻烦，自己也能更好地走向成熟。

## （二）切勿斗酒起哄，意气用事

❋【案例】❋酒后因行人、车辆避让问题生口角而打架斗殴

某校在读学生小乐、小雷、小勒等 7 人放学后在学校附近一饭店内饮酒。直至半夜，7 人才从饭店离开，但均已是醉酒状态。在回校园的路上，7 人因行人、车辆避让问题与王某、杨某等 4 人发生口角进而相互厮打。在相互厮打过程中，小乐、小雷、小勒等 7 人将王某、杨某打伤。经鉴定，王某的损伤已构成轻伤，杨某的损伤已构成轻微伤。后小乐等人的亲属赔偿王某、杨某等人各项损失 6 万元，王某等 4 人对小乐等 7 人的行为予以谅解。法庭上，小乐、小雷、小勒等 7 人分别当庭宣读了悔过书，对自己犯下的过错表示深深的忏悔。

❋【评析】❋这是一起看似简单的伤害案件，但涉及人数众多，且被告人均为在校大学生。这 7 名学生平时在学校表现和学习成绩都不错，团结同学、尊敬老师，没有打架斗殴的前科。案件发生后，他们都认识到了自己行为的严重性，并表示了深深的歉意。

现在，各个学校的校纪大都规定，学生在读期间受到刑事处罚的，一律开除学籍。青少年在校如果因为酒后打架斗殴，一旦触犯校纪校规和国家法律，受到处罚，甚至

被处以刑罚，首先有可能面临着失去在校学习的机会，这对于每一个学生、每一个学生的家庭来讲，无疑是个不小的打击。而如果因为一时冲动，沦为"阶下囚"，对于青少年的一生都将影响重大。

❋【防范攻略】❋第一，到娱乐场所消费，千万不要贪杯、过度酗酒，切记冲动是魔鬼。醉酒的人行为、情绪失控，极易与他人发生矛盾、打斗，引发故意伤害。

第二，不要感情用事，要克服老乡观念和哥们儿义气，不加入团团伙伙，不参与打架斗殴，不因小事与他人发生纠纷，做文明学生，避免受到伤害。

第三，在公共场所，如人员复杂的地方、娱乐场所、僻静地带、网吧、电影院、溜冰场，要远离那些寻衅滋事的人员，遇到别人的挑衅，学会不予理睬。

第四，遇到打架斗殴和寻衅滋事的情况，不要好奇围观甚至起哄，应及时向公安机关报警，避免事态扩大。

## （三）遭受暴力要机智逃脱和求助

❋【案例一】❋初中生遭威胁，求助师长解困

小华是初中一年级的学生，学习刻苦，成绩优异，可最近总有些高年级的学生堵在上学的路上向小华借钱，如果小华不借钱给他们，那些高年级的学生就威胁要打小华，而且每次借钱都不还。后来小华找学校老师说明此事，老

师和学校领导找到那些高年级学生给予批评处理，从此，高年级的学生不再骚扰小华了，小华又能安安心心地学习了。

◈【案例二】◈一女生被同学无端施暴

就读初三的张姓女生，因不满同班苏姓女生之前帮她拿东西时表现出的心不甘、情不愿，竟伙同隔壁班另外两名罗姓和蔡姓女生，在上学路上，将准备进入学校上课的苏姓女生带到校园旁边的小路上殴打。被打女生头部和脸部受伤，还被抓着头去撞墙，导致脑震荡。施暴过程长达10多分钟，一旁五六名学生围观，但都没有人劝阻，直到有家长路过看到出面制止，将受伤学生带到学校，校方才得知此事，并立即着手处理。

◈【评析】◈发生在学生间的暴力行为也是近期舆论关注的热点。同校求学，个别学生恃强凌弱，以暴力的手段欺负、侮辱、折磨其他学生，有些手段特别恶劣。据青少年问题专家分析，学生间的施暴者多处在青春期的发育高峰，学习等各方面压力，加上影视、网络的不良影响，让他们觉得暴力和施暴能够给他们带来一种快感。而施暴的对象往往是那些他们不认同的同学，比如特别优秀的、个别喜欢打扮的、另类的、出风头的学生。施暴者可能基于只是"整整你，打压一下你的威风"这样的想法而实施暴力。这些学生敢于如此"任性"的一个原因可能在于长期以来我们针对学生打架行为的处分机制的力度有关，大多数时候对于学生打架的，都是由学校利用合理的校规校纪进行管理和教育，要不就由家长间私了，施暴的学生很少受到实质性的惩戒。青少年暴力是个社会问题，决不能以恶小而忽视。治理这类问题需要学校、家长、社会多管齐下。

对于受害一方来说，忍气吞声、委屈妥协只能助长施暴者的张狂，及时求助或者直接报警，让施暴者的行为曝光，才能打击其气焰，从根本上解决问题。

❖【防范攻略】❖第一，当我们在外面遭遇暴力侵害时，首先要逃脱，必要时采取防卫措施，并大声向路人求助，同时一定要记住施暴者的体貌特征，并及时报告警察、老师和家长。

第二，如果受到"坏"孩子欺负，在"惹不起躲得起"的同时，要勇敢面对现实，不怯懦，要及时设法告诉对方的家长或老师，以便尽快得到救助。另外，同学之间也要互相帮助、互相保护。

第三，被人殴打以后，要设法与老师或家长取得联系，并及时寻求医院治疗，妥善保管好看病治疗的医院单据和诊断书，以备后用。同时，及时报案，要说清出事的时间、地点和打人者的特征。

第四，一旦遭受侵害，还可寻求学校和其他组织的帮助，特别是对一些刚出现苗头性或者有可能持续性的侵害行为，要第一时间向学校和其他组织进行报告，如遭受侵害的发生地或自己所在的街道办事处、派出所、居委会、村委会、学校等单位，避免自己遭受更大的侵害。现在有的街道、区县还专门成立了未成年人保护委员会。根据法律规定，对侵犯未成年人合法权益的行为，任何组织和个人都有权加以劝阻、制止或者向有关部门提出检举或者控告。

# 二、防滋扰

滋扰，从广义的角度讲，是指外部人员无视国家法律和社会公德而寻衅滋事、结伙斗殴、扰乱社会秩序等行为。从狭义的角度讲，主要是指破坏、扰乱社会公共秩序，对他人进行无端挑衅、侵犯乃至伤害的行为。寻衅滋事，是指肆意挑衅，随意殴打、骚扰他人或任意损毁、占用公私财物，或者在公共场所起哄闹事，破坏社会秩序的行为。主要表现为：第一，随意殴打他人；第二，追逐、拦截、辱骂、恐吓他人；第三，强拿硬要或者任意损毁、占用公私财物；第四，在公共场所起哄闹事，造成公共场所秩序混乱。

青少年既容易在外遭受到他人的恶意滋扰，发生伤害，也容易受到他人或不良信息的影响而实施滋扰他人的行为。前者伤身，后者违法，我们既要让自己避免成为受害人，也要警惕成为施暴者。

## （一）学会面对和躲避暴力滋扰

### ❖【案例一】❖"暴打路人甲"只是玩游戏

好好地走在路上，突然被一群人围住狂殴，这并不是电影中的情节，而是发生在南京街头的真实事件。一日晚上10点至次日凌晨6点，连续有4名无辜路人遭殴打受伤。警方经过连夜侦查，将15名嫌疑人抓获，他们都是16岁至18岁的青少年。让警方震惊的是，这些青少年无端打人的理由非常奇怪：他们只是在玩"暴打路人甲"的游戏。自去年下半年开始，南京街头多起路人无端遭打案件，都与这个"游戏"有关。"暴打路人甲"的游戏规则是，没有固定的目标、作案地点、作案时间，殴打目标是随机寻找的，有可能就是站在街头的任意一个路人。据嫌疑人交代，他们经常在网吧玩游戏、上网，后来有人看到网上一个很流行的游戏，就是"暴打路人甲"，随机打人，很有乐趣，于是就把游戏内容转移到现实中。在付诸实践后，这些青少年"从随机打人中感受到刺激和快感"，工具也从最初的赤手空拳发展到棍棒、自行车等。

### ❖【案例二】❖男子酒后公交车上无端殴打14岁少年

30岁的向某，身高175厘米，在杭州从事代驾工作，5月1日来到温州找亲戚和老乡玩。2日中午，他和表哥在一家川菜馆里吃午饭，他一个人喝了半斤的"二锅头"和半斤的杨梅酒，两人一直喝到下午1点钟。后来其表哥去上班了，向某准备去逛街。下午1点24分许，他上了一辆202公交车，坐到了驾驶员后面靠过道的位置上，把装有衣物的塑料袋放在靠窗户的空位上。

开了10分钟左右，公交车行至某中学旁边的车站时，上来三四个人，其中就有14岁的小金。向某把塑料袋拿开后，小金坐在了向某左侧靠窗的位置上。车子开到一个红绿灯路口时停了下来，向某问旁边当时和小金一起上车的一个女子是不是和小金一起的，该女子说不是。确定小金独自一人后，向某伸了下懒腰，然后就起身暴打小金。向某用左手掐住小金的脖子，用右手拳头殴打小金的头部、脸部，小金见状忙用双手抱头，向某又改用脚踹小金的头部和肚子，整个过程持续了2分钟左右。殴打期间，公交车司机过来劝架，向某谎称自己身上有刀，威胁司机不要"管闲事"。车上的乘客实在看不下去了，开始纷纷指责向某的不对，向某意识到如果再打下去，车上的群众有可能会上来打他，于是就停止了殴打。惊慌之余的小金脱离魔爪后，书包也没捡就逃下了车。又坐了两站后，向某下车溜走了。小金头部、脸部、身上多处软组织受伤。

◈【评析】◈上述两个案例是典型的"随意殴打"型滋扰案。所谓"随意殴打他人"，是指出于要威风、取乐等目的，无故、无理殴打相识或者素不相识的人。"随意"就是无事生非，只是出于要威风取乐等动机，在没有任何起因的情况下，无故殴打他人、损毁财物。日常生活中还有人因为摩擦或琐事，借题发挥而肆意殴打他人。

现在的很多青少年，没有辨别是非的能力，认为朋友之间应该讲义气，朋友有难，毫不犹豫地就出手"相助"，跟着朋友持刀、拿着钢管就去寻殴对方。殊不知，这个行为已经违法，如果情节严重，是要追究刑事责任的。

随意殴打他人，是指出于要威风、取乐等不健康动机，无故、无理殴打相识或者素不相识的人。追逐、拦截、辱骂、恐吓他人，是指出于取乐、寻求精神刺激等不健康动机，无故无理追赶、拦挡、侮辱、谩骂、恐吓他人，此多表现为追逐、拦截、辱骂妇女。追逐，一般是指妨碍他人停留在一定场所的行为；拦截，一般是指阻止他人转移场所的行为。辱骂，是指以言语对他人予以轻蔑的价值判断。恐吓是以加害他人权益或公共利益等事项威胁他人，使他人心理感到畏怖恐慌。强拿硬要或者任意损毁、占有公私财物，是指以蛮不讲理的流氓手段，强行索要市场、商店的商品以及他人的财物，或者随心所欲损坏、毁灭、占用公私财物。例如，乘坐出租车后，迫使对方不收受出租费用的行为，也是强拿硬要行为。损毁财物，是指使公私财物的使用价值减少或者丧失的行为。任意，意味着行为违背被害人的意志。占用公私财物，是指不当、非法占有、使用公私财物的行为。在公共场所起哄闹事，是指出于取乐、寻求精神刺激等不健康动机，在公共场所无事生非，制造事端，扰乱公共场所秩序。造成公共场所秩序严重混乱的，是指公共场所正常的秩序受到破坏，引起群众惊慌、逃离等混乱局面的。

上述行为情节严重或恶劣的，会构成犯罪。例如，随意殴打行为造成轻微伤或者轻伤的，随意殴打他人手段恶劣、残忍的，随意使用凶器殴打他人的，纠集多人随意殴打他人的，多次随意殴打他人或者一次随意殴打多人的，随意殴打残疾人、儿童等弱势群体的，均属于情节恶劣。对于追逐、拦截、辱骂、恐吓他人造成他人轻微伤、轻伤结果或者导致他人自杀的，使用凶器追逐、拦截他人的，多次追逐、拦截、辱骂、恐吓他人的，追逐、拦截残疾人、儿童等弱势群体的，在刑法上也属于情节恶劣。倘若强拿硬要行为造成他人自杀，也可以评价为情节严重。同样，在自由市场强拿硬要或者任意损毁他人商品，导致他人被迫放弃在市场经营，或者难以顺利在市场经营的，也应评价为情节严重。强拿硬要、任意损毁或者占用公私财产数额较大的，当然属于情节严重。对于上述行为，根据刑法规定，凡已满16周岁具有刑事责任能力的人均能成为寻衅滋事罪的主体；已满12周岁不满14周岁的人，犯故意杀人、故意伤害罪，致人死亡或者以特别残忍手段致人重伤造成严重残疾，情节恶劣，经最高人民检察院核准追诉的，应当负刑事责任。

另外，青少年出门在外，应该将生命安全放在第一位，我们提倡"见义勇为"，但更要"见义智为"，当面对身高力大、用心险恶的坏人，不仅要敢于斗争，更要善于斗争，勇敢加机智才能保平安。否则，单凭勇敢而鲁莽从事、硬拼硬干，可能会受到更大的侵害。所以，"智勇双全"才是预防和对付侵害的正确原则。

❀【防范攻略】❀第一，提高警惕，做好准备，正确看待，慎重处置。面对流氓滋扰，千万不要惊慌而要正确镇定对待。要问清缘由、弄清是非，既不畏慎退缩、避而远之，也不随便动手、一味蛮干，而应晓之以理，妥善处置。

第二，充分依靠组织和集体的力量，积极干预和制止违法犯罪行为。如发现流氓滋扰事件，要及时向保卫部门报告。一旦出现公开侮辱、殴打自己的同学等类恶性事件，要敢于见义勇为，挺身而出，积极地加以揭露和制止。

第三，注意策略，讲究效果，避免纠缠，防止事态扩大。在许多场合，滋事者愚昧而盲目、固执而无赖，有时仅有挑逗性的言语和动作，叫人可气可恼而又抓不到有效证据。因此，一定要冷静，注意讲究策略和方法，正面对其劝告，不要与其纠缠，及时脱离现场，避免受到伤害。

第四，自觉运用法律武器保护他人和保护自己。面对流氓滋扰事件，既要坚持以说理为主，不要轻易动手，又要注意留心观察、掌握证据。

第五，中小学生受到违法犯罪分子的直接威胁和侵害，仅凭我们自身的力量很难防范，最有效的方法就是向公安部门报告。匪警电话号码是110，这个号码应当牢记，以便发生异常情况时及时拨打。拨打110电话时，要简明、准确地向公安部门报告案件发生的地点、时间、当事人、案情等内容，以便公安部门及时派员处理。打报警电话是事关社会治安管理的大事，千万不要随意拨打或以此开玩笑。

## （二）加强自我约束，不滋扰生事

### ◈【案例一】◈遇"仇人"殴打报复，少年寻衅滋事被判刑

小明初中毕业后，因迷恋上网无心学习而辍学在家，后在外打工。一个凌晨，小明和几个初中校友在一起吃晚饭，饭后行至某公园时，恰巧碰到了小张及其朋友。见到小张，小明想起了从前的"恩怨"，于是将往事告诉了其中一个校友小刚。听说小明曾受欺负，小刚嚷着要为他报仇，冲上去打了小张左脸一拳，后小张和朋友转身准备离开，小明和小刚又上前拳打脚踢，将小张打得躺在地上一动不动。后小张被送往医院，经司法鉴定损伤程度为轻伤。

小明和小刚被公安机关抓获，到案后两人如实供述了自己的罪行。小明站在被告席上低头说："因为他曾经打过我，所以我才想着报复，如果当时不那么冲动，就不会对他造成伤害，连累朋友，自己也不会有这一天了。"法院经审理认为，小明伙同小刚随意殴打他人，触犯了刑法，构成寻衅滋事罪。

### ◈【案例二】◈轻狂少年无理取闹寻衅滋事被刑拘

中学生小乐，他那1.80米的个头在班上可谓出类拔萃，许多同学都自愧不如。小乐平时自认为已长大成人，

便处处以大人自居。16岁生日那天，他从父母那要了600元钱，把几个要好的同学请到附近的饭店，以庆生为名"潇洒"了起来。开始时，大家还比较拘束，当有一位同学提议一起唱歌时，大家连声附和。于是，一伙人一边乱哄哄唱歌，一边用筷子敲碗、用脚踩踏地板。当服务员进来劝大家声音轻一点、动作文雅一点时，小乐把眼珠子一瞪："老子付钱喝酒，敲坏东西老子赔。"一句话把服务员气得半死。不一会，经理走了进来，他刚想说话，就被小乐一把抓住衣领，死命往外推。经理气炸了，反抓住小乐的衣服，请小乐一伙人出去。正在此时，不知谁怪喊了一声："经理有什么了不起，今天就给你点颜色看看。"小伙伴们应声而上，你一拳，我一脚，把经理打得趴在地上，有人还趁机摔酒瓶、砸盘子。服务员一见不好，连忙打"110"报警，警察赶到后，事情才平息下来。后经法医鉴定，经理肋骨挫伤、牙齿脱落一颗，身体多处受伤；饭店的财物损失3000余元。鉴于小乐等人在公共场所寻衅滋事，破坏社会秩序，造成了一定的财产损失和人身伤害，公安机关以寻衅滋事为由，对小乐等人依法刑事拘留。

◈【评析】◈上述两个案例都是以青少年为施暴者的寻衅滋事案。"寻衅滋事"者往往出于取乐、寻求精神刺激等目的，在公共场所无事生非，制造事端，扰乱公共场所秩序，并造成他人受伤以及财产损失等后果。毫无疑问，寻衅滋事是违法行为，当对他人及相关财物造成较大损害时，寻衅滋事者还会因触犯法律而被判处刑罚。

许多青少年之所以会触犯寻衅滋事罪，主要原因在于：第一，处在这个人生阶段的青少年，正是大事不会做、小事不愿做的年龄，或多或少存在逆反心理，一些在校的青少年容易厌学，通过逃学、恶作剧、打架等方式来发泄自己精神的空虚，希望通过上述行为来寻求精神刺激，这正是寻衅滋事罪的行为人具有的典型心理；而一些步入社会的青少年则经常无所事事地混迹于闹市，一方面觉得人生没有方向，另一方面城市的灯红酒绿又刺激着身无分文的他们，因此这些青少年极易走上犯罪道路。同时，寻衅滋事犯罪所表现出的形态大部分都是团伙作案。因为青少年心智发育还未成熟，不容易控制自己的情绪，容易结帮成对，讲所谓的哥们儿义气，为朋友两肋插刀，却全然不考虑自己做的事是否触犯了法律。同时，一些黑恶势力会将青少年作为"后备军"，吸纳青少年进入组织。

第二，现在的社会生存压力很大，许多父母整日忙于生计，顾不上照顾自己的孩子，没有在青少年的特殊时期对他们进行适时的引导，或者让孩子感觉不到父母的爱，容易造成青少年的叛逆心理，有了问题，父母也没有及时地发现，以致最后造成严重后果。或者是有些父母教育方法过于单一粗暴，没有充分理解青少年的心理，而是一味地采用打骂、压制的教育方式，这样也会造成许多青少年的不健康心理。

第三，针对青少年的普法教育工作不够深入。在一些青少年心中，由于不知法、不懂法，认为打打闹闹并不构成犯罪，以为只要没把人打伤或打死就不犯法，因而意气用事，动辄寻衅滋事。

❀【防范攻略】❀首先，一般违法与犯罪之间没有不可逾越的鸿沟，青少年朋友仍要谨记勿以恶小而为之，要防微杜渐，有不良行为应当改正，不然就有可能发展为违法犯罪；同时，要自觉抵制不良诱惑，远离有不良行为的玩伴，拒绝违法犯罪。

其次，遇事不要冲动，要有正确的交友观，不要盲目"发扬"所谓哥们儿义气。

最后，学校、家长、社会机构一定要承担起对青少年的法制教育，通过各种形式的普法活动，使青少年树立起正确的人生观、法律观，学法、知法、守法。

# 三、防 "色狼"

对于青少年而言，防 "色狼" 主要是要防范性骚扰和性犯罪。

从法律上讲，性骚扰是一种以侵犯他人人格尊严权为特征的民事侵权行为，它以不受欢迎的与性有关的言语、行为、信息、环境等方式侵犯他人的人格权，包括身体接触和非身体接触（言语、动作、声音）。性骚扰一般表现为口头、行动、人为设立环境 3 种方式。口头方式一般以下流语言挑逗对方，向其讲述个人的性经历、黄色笑话或色情文艺内容进行性骚扰；行动方式一般表现为故意触摸、碰撞、亲吻对方脸部、乳房、腿部、臀部、阴部等性敏感部位，或故意裸露身体隐私部位作出猥亵下流动作；人为设立环境方式包括在工作或活动场所周围布置淫秽图片、广告等，使对方感到难堪。总之，任何以言语或肢体，作出有关 "性的含义" 或 "性的诉求" 或性的行为，使得对象（受害人）在心理上有不安、疑虑、恐惧、困扰、担心等情况，均属性骚扰。

我国刑法上的性犯罪主要有强奸罪，强制猥亵、侮辱罪，强迫卖淫罪，引诱幼女卖淫罪，猥亵儿童罪，聚众淫乱罪，引诱未成年人聚众淫乱罪，组织卖淫罪，引诱、容留、介绍卖淫罪，组织淫秽表演罪等。

大多青少年遭受性侵犯的案例表明，所有未成年人都是在校外被侵犯，其中以放学时段或假期受侵犯的比例最高，大部分遇袭的未成年人均系因独自归家或流连在街上玩耍而成为被害目标。这或多或少地反映出社会、学校和家庭对青少年自我保护、防性侵教育的缺失。

## （一）夜晚不独行，勿走僻静路

### ❖【案例】❖男子勒脖子威逼强奸 3 名夜行女学生

一天晚上，小李在独自回学校的路上被一名男子从后面勒住了脖子。在该男子的匕首威逼下，她被强奸了，还被抢走了手机等物品。事后，李某无法回忆起那男子的面部特征，甚至连对方穿什么衣服都说不清。小曹则是在一日凌晨在同一条公路上遇到了同样的事，被强暴时她抓伤了对方的左手。一个月后的一个晚上，一名男子出现在该条公路上，徘徊了一阵儿，当发现前面有一名独身女子后，他快步跟了上去，就在他接近这名女子时，民警一拥而上将其拿下。事后证实，他就是多次作案的张某。

审讯中，张某说，他每次作案时，其实内心都非常恐惧，只要受害者一呼救，他肯定拔腿就跑。他在选择目标前，基本上就是漫无目的地闲逛，看到独行的年轻女性，就尾随过去。

❋【防范攻略】❋第一，女孩子尽量避免夜晚出门活动，夜间活动后要尽早回家。尽量不要去偏僻的地方。太早出门或者太晚回家应请家人接送或者打的，更不要单独经过小巷或者无人街道；不要单独让男性送回家，就算被送回家，也请在楼下、屋外就道别，不要引狼入室。

第二，女孩外出时应预先了解环境，尽量在安全路线行走，避开荒僻和陌生的地方。晚上外出时，尽可能结伴而行。

第三，遇到有性骚扰行为的人，应及时回避和报警，不可有丝毫的犹豫不决；万一遭遇性骚扰，尤其是性暴力，应大声呼救。若被侵害，要及时报案，并保存好内裤、纸巾等物证。

## （二）不要轻信陌生人，安全意识要加强

### ❋【案例一】❋小女孩成目标，做好事反受害

星期六，13岁的小珍在家和妹妹一起复习功课。下午5时许，妹妹说想吃麻花，于是小珍就骑着自行车带着妹妹到商店买麻花。买到麻花后，小珍两姐妹就按原路返回。路上，遇上一名中年男子骑着摩托车从加油站出来拦住她们询问附近有没有网吧，并表示是来找儿子的。

小珍告诉中年男子前面不远处就有个网吧。中年男子听后，请求小珍带他去，并表示愿意给小珍20元钱。单纯善良的小珍经不住男子的请求，于是让妹妹先回家，自己坐上了男子的摩托车。小珍没想到自己被中年男子带到了一栋民宅里。一进房间，中年男子就抱住小珍并强行扒她的衣服。小珍见状大叫起来，中年男子于是厉声对小珍说道："你听话，不听话就不能回家，我会杀了你的。"小珍被吓得一句话都不敢说，就这样被中年男子侮辱了。之后，男子将小珍送到她家附近，然后骑着摩托车离开了。

小珍一见到家里的亲人就放声大哭起来。在家人的追问下，小珍讲述了事情经过。小珍爸爸报了警。

在小珍的带领下，警察抓住了那名中年男子。

据该男子交代，他已经不止一次作案了。每次都是选择十二三岁的小女孩作为对象，在小学和中学门口等候单独上学或放学的小女孩，偶尔也会在路上巡守小女孩，然后以找女儿或者找儿子为由，让小女孩带路并表示愿意拿钱给小女孩，然后将小女孩带至偏僻的地方或废弃房屋，伺机作案。事后他还威胁孩子不能告诉别人，否则的话会杀了她，而且讲出去也会丢人。选择小女孩作为侵犯对象，是因为小女孩容易骗，而且小女孩胆小，在威胁之后，一般不会乱说，不会去报案。

### ◈【案例二】◈男童轻信网友被侵犯

11岁的小东在公园结识了男青年张某，并在张某的邀请下加了他为QQ好友，后来两人在QQ上聊天，张某多次约小东外出，但都被小东拒绝。事发前几天，小东和同学闹了点矛盾，在 QQ 上和张某倾诉，张某便趁机约小东出来，说可以帮他解决。晚上 9 时许，小东在公园玩时见到了张某。张某欺骗小东说带他到一名朋友家里拿东西，然后再带他到别的地方玩。结果，张某将小东带回自己家中进行侵犯。事后，小东回家向妈妈求助，并在家人陪同下到派出所报案。

◈【案例三】◈小女孩易引诱，受侵犯不自知

小花、小文、小如、小婉是某小学的四年级女生，四人为同班同学。四人先后在某小区附近认识了钟某。后钟某以玩电脑、给东西吃、给钱花等方式先后引诱 4 名女生至他所租房间内，播放淫秽光碟，让小花等人读淫秽日记，并对 4 人进行猥亵。令人意外的是，钟某曾两次同时将两名女生带回出租房侵犯，4 名女生之间也互相知道对方的"秘密"，但竟无人意识自己受到了"非礼"，更无人反抗和求助。

◈【评析】◈我们从小都被教育说要乐于助人，但案例一中小珍的遭遇却提醒我们，在任何时候都不可无防人之心，只因坏人之恶利用了我们的良善。案例二中小东的遭遇更是说明了坏人是如何处心积虑，小东尽管多次拒绝坏人的邀请，但还是被坏人钻了空子。我们不能责怪案例三中的四个年少无知的孩子，培养她们自我保护的意识和能力应该是家长、老师的责任。这几个孩子受到侵犯不是一次两次，而她们的家长都没有注意到，疏于交流和管教的

责任是不容推卸的。

◈【防范攻略】◈第一，不要贪嘴、贪小便宜，天下没有白吃的午餐，除了爸爸妈妈，别人没道理无缘无故地给我们糖吃、给我们钱花，还带我们看电影、玩游戏。我们要有自我保护的意识，要掌握一些安全常识，这样遇到事情能够分辨是非，保护自己。平常要多和家长交流，尤其是遇到事情的时候，听听他们的意见没有坏处。

第二，助人和防人并不矛盾。如果遇到有人需要帮助，我们仍应该乐于助人，但是要注意方式方法。比如，若有人问路，我们可以说清楚路线、指明方向，但不要轻易地带路，尤其是并不顺路的情况下，更不要随便上对方的车。

第三，与陌生人或者网友聊天，要注意保护自己的隐私，秘密和家庭住址、所在学校、上学路线、经常玩的地方都不能轻易告诉别人，以免被坏人利用。

第四，遭遇危险时，千万不要恐吓、激怒坏人，以免造成更大的伤害；要尽量记住和坏人有关的事情，比如他的长相、身高、胖瘦、口音，车辆的颜色、牌照的号码，途经时的建筑物、受到伤害时的地点等相关信息；设法保留证据，如受到伤害时的衣物。在安全离开后，应立即告知家人、朋友、老师，迅速报警。

第五，在外不可随便进食陌生人给的饮料或食品，谨防有麻醉药物。在公共场合，比如酒吧、KTV等地，如果中途离开再回来，请不要再食用桌面上的任何食物或饮料；如果不小心被下药，应在理智尚未消失之前借口上厕所，趁机呼救。

## （三）提防熟人作案，勿与异性独处

据调查，85% 以上的儿童性侵犯发生在邻居、学校、朋友、亲戚甚至是父母等熟人当中。而香港在一份关于性侵犯者的调查中发现，父亲占据的比例居然是最高的，达到 21%，朋友或者同学也达到 19%。不法分子与受害儿童一般具有亲属、亲戚、邻居、师生等特殊关系，且常以食物和玩具为诱饵，诱骗孩子到单独僻静处，实施暴行。

❀【案例一】❀无良老师利用权威性侵学生

1. 一天晚上，初二的小李到老师张某住处补习功课。其间，张某将小李拉到怀里动手动脚。小李拼命挣扎，张某称："下个学期学校要开生物课，我提前给你补课，你明年学生物就简单了。"不谙世事的小李没再反抗，被张某强奸。小李在无助与苦闷中，把此事告诉了同学，张某的罪行才被揭发。

2. 万宁市某校 6 年级的 6 名女生集体失踪，引起老师和家长极度恐慌，连夜四处寻找但无果。直到第二日晚上 11 点，1 名女生在海口亲戚家，另外 3 名女生在海口某镇一出租屋被找到。跑到海口的女学生说，另外 2 名女生在万宁。这 6 名女孩被找到时，看上去都迷迷糊糊的，有的女孩手、脖子等处还出现青肿，经到医院检查，6 名女生下体受到不同程度伤害。后经警方调查，原来该 6 名女生被其校长陈某带走开房，并受到侵犯。

### ◈【案例二】◈黄色录像致心灵扭曲，男子奸杀堂妹

李某小学毕业，长相清秀，在旁人眼中，他是一个内向、和善的人。父亲是村委会主任，有两个姐姐，家中就他一个男孩儿，从小很受宠爱。在家待着没事干的李某去了一家建筑工地当小工。打工的生活很枯燥，每天收了工，工人们喝酒的喝酒、打牌的打牌，要不就是到录像馆看黄色录像，除此之外，没有其他的娱乐活动。无聊的他便和一帮年轻工友到小巷里的录像馆看黄色录像，然后去找小姐。慢慢地，李某就像吸毒上瘾的人一样，喜欢上了这样的生活。

某天中午，李某喝了 1 斤左右的白酒后在酒精的催化下，心生欲念，他想到了三叔家 11 岁的堂妹李某某。他是看着堂妹长大的，平日里，堂妹和他很亲，两人就像亲兄妹一样。可是此时，李某内心所潜藏的兽性像疯草一样不可遏制地窜了出来。

他直接来到三叔家，看到堂妹正在玩跳皮筋，于是走过去对她说："走吧，咱们去大姐家看看她家的玻璃被打烂了没有。"李某的大姐一家人都在外地打工，房子一直闲置着。天真无邪的堂妹信以为真，和他来到离自己家不远处的李某的大姐家，李某便在这里强奸了堂妹。

事后，堂妹哭泣着说："我一定告诉我妈，让警察把你抓起来。"堂妹的这句话提醒了李某，他害怕起来，心想被

告发后，自己一定会坐牢，索性一不做二不休。他摁倒了堂妹，死死地掐住了她的脖子。看着堂妹不再挣扎的身体，李某害怕堂妹活过来，又找来一块砖头，不停地拍打她的后脑勺，直至鲜血流了出来。然后，他把堂妹塞进了柜子里。

### ◈【案例三】◈女孩被母亲工地保安性侵

小美母亲在某工地工作。年仅7岁的小美放暑假后，母亲将她带到工地上，让小美在工地宿舍里玩耍。工地保安雷某见小美经常独自一人留在宿舍，便心生歹意，多次借故进入宿舍，以和小美玩游戏、打扑克之机与小美接触。终于有一天，雷某利用与小美独处之机，不顾小美反抗，强行将她强暴并致使其受伤。

◈【评析】◈据分析，青少年遭受性侵犯的情形有以下几种：被跟踪、强拉入室或上车；熟人送玩具、娃娃、糖果等引诱；冒充警察、维修工或销售员入室；谎称是家中友人，受父母之托；借口请儿童帮忙，如问路、找东西、填写问卷等；假借玩耍、游戏的形式；受害人独自一人时被攻击；教师谎称补课；请受害儿童的同学打电话邀其外出等。而容易受到性侵犯的孩子一般具有以下特征：比较友善、容易亲近、对别人的要求言听计从；容易受物质吸引或引诱；缺乏感情呵护、被疏忽；年纪较小，不太懂得"性"或身体自主权，不能察觉或意识对方的侵害行为；父母婚姻关系不良或与继父母或养父母同住。

这里的三个案例都是典型的熟人作案。作案人行径卑劣，理应受到法律的严惩。案例一中的小李能将老师的暴行讲出来，她的同学能帮助她揭发此事，是不幸发生后的正确应对方式。忍、怕都只能让作恶者更加嚣张。案例二提醒我们，不要和异性独处，即便是熟悉的亲友。案例三则提示我们的家长，不要让年幼的孩子脱离自己的视线，他们还不具备自我保护的能力。

◈【防范攻略】◈广大家长必须密切关注家中未成年人的动向，尤其是放假期间，尽量避免未成年人单独外出活动，也要多观察孩子的身体和心理变化，及时发现征兆。家长还应多引导孩子谨慎交友，对于网络上或社交软件上结识的人应多留心眼、保持警惕，勿单独赴约见面。同时，家长和学校也应当加强未成年人的自我保护和性教育，使未成年人能明确哪些行为属于侵犯，并学会自救和求救，避免悲剧发生。

第一，学校和家长要指导孩子合宜的穿着和言行，指导孩子树立正确的性观念：任何人提出的性接触，都要断然拒绝。要让孩子知道身体某些部位是属于个人隐私，别人是不可以随便碰触的；要让孩子学习分辨不同形式的触摸，哪些是可以的，哪些是不可以的；要告诉孩子，对于不当或不舒服的身体接触，要勇敢地说不，即便是老师、家长、邻居或者其他我们认为权威的人，要触碰我们隐私部位，也属于性侵害，要勇敢拒绝。

第二，学校和家长要教育孩子，有人触碰隐私部位要及时告诉父母，遇到事情要及时告诉父母或者其他家人，出门时要跟家人说清楚去向和回来时间，等等。

第三，青少年在人多的地方比如公交车等公共场合遭遇"色狼"时，要大声喊叫和严厉拒绝，并向周围人寻求帮助，到达安全地带。而在人少的场合，要懂得安全反抗、安全逃脱，一味地大哭大叫可能会激怒对方杀人灭口，威胁到生命。

第四，年幼的孩子缺乏自我保护能力，家长不要让他们脱离自己的视线，并随时关注他们身边的人，防人之心不可无。孩子也尽量不要使自己脱离父母的视线。

第五，女孩子应尽量避免和男性单独相处，更不要单独和男性出入暧昧场所，如酒吧包厢、KTV包厢、电影院、酒店宾馆等地，还要避免独自一人和一大帮男性相处太久。

第六，女孩子如果需要和男性共赴晚餐或者其他活动，应挑选对面而坐的单独座位，避免双人座位而将自己困在里面；相处期间，如果对方言语或行动不尊重，则可以假装打电话、发短信，以破坏对方兴致，甚至借口去卫生间打电话叫救兵；一旦觉得情况不对，可以借故去洗手间而偷偷溜走，事后再打电话说找不到路先回去了。不要挂念面子问题。要知道，安全第一。

## （四）公共场合遭遇"咸猪手"切勿忍让

### ❋【案例一】❋地铁色狼声东击西偷摸美女

小孙在地铁上有过这样一次遭遇：突然感觉右手臂被

人狠狠撞了一下，就在她转头查看时，臀部又被人捏了一下。愤怒的小孙环顾四周想找出"咸猪手"，但周围的人看上去都神情自若，根本搞不清是谁。

### ◈【案例二】◈女生受骚扰没有察觉，"咸猪手"受鼓舞模仿被抓

小陈搭乘公交车回家时，感觉有名男子贴在自己身后。由于车上人较多，她当时并没有太在意，但过了一阵，小陈察觉到该男子用身体触碰自己的臀部，她立即大喊非礼。随后，车上的乘客将该男子制服并报警。在警察面前，该男子不仅承认了对小陈有性骚扰行为，而且指认另一名男子也对小陈实施了性骚扰，并称自己就是看小陈被那男子骚扰没有反应后心里不平衡，也想占便宜，才依样画葫芦的。

### ◈【案例三】◈女生郊游遭遇"露体狂"

小游是某校高二女生。周末，小游和五个要好的女同学相约去郊区玩。中午，小游等人找了一处风景不错人也少的地方，铺好了野餐垫，拿出从家里带的食物开始午餐。小游发现离她们不远处有个男子在来回晃悠，而且一直盯着她们在看。小游多看了几眼，那个男子走近了些，突然拉开了拉链，露出了生殖器。小游吓坏了，赶紧告诉了伙伴们，大家都紧张起来，因为其他来玩的人离她们还有点距离。姑娘们紧张兮兮地商量了一下，决定先采取不理睬战术。大家对那男子的行为视而不见，然后小游故意大声地说"那几个男生怎么还不来"，其他人齐声附和，造成有

其他朋友的假象。后来那名男子自己走开了。

**❀【案例四】❀上学路上的猥琐男**

小清骑车去上学，路经一条僻静的巷子时，遇到一名男子向她问路，小清刹住车，好心指了路，没想到那名男子突然口出淫词秽语，吓得小清跳上车飞驰逃走。

**❀【评析】❀**前两个案例都是女生乘坐公共交通工具出行时遭遇"咸猪手"的事例。"咸猪手"指猥琐者的色狼动作，比如说袭胸、摸臀等，现在常被用来表示性骚扰。有人将地铁中的"咸猪手"归纳为三类。第一类是假装拥挤"贴身"型。此类"咸猪手"通常会准确地挤到年轻女孩的周围，即使车厢里并非特别拥挤也会故意挤来挤去，甚至还会大秀演技，嘟囔着"别挤了别挤了"来替自己打掩护。第二类是左摇右晃"假寐"型，即车厢里不挤有座时，"咸猪手"会假装睡觉，往身边女孩子的身上挨。第三类是纯不要脸"暴露"型。在公交车上，常见的是第一类情形，尤其是在早晚出行高峰时。通过案例，我们也看到，遭遇"咸猪手"时即时揭露、大声呼救是明智之举，忍气吞声只能让这些猥琐之徒更加嚣张。第三个案例中的女生遇到的"露体狂"，可能是患了一种心理疾病，他们偏好从异性的惊恐中获得快感和满足，警察提醒说遇到此类情况保持淡定最重要。小游她们的处理无疑是得当的。当然，我们出去游玩也要注意选择环境，过于僻静的地方尽管安静但也可能被不法之徒利用。第四个案例中的男子是典型的言语性骚扰者，这也提醒同学们，在人少的地方不要轻易和陌生人搭话。

尽管案例中的受害者都是女生，但男生遭遇性骚扰并非不可能。相较于女生，或许男生更加羞于讲述自己的此类遭遇。因此，防"色狼"是每个人都应该有的警惕。

◈【防范攻略】◈关于外出时防性骚扰，我们有以下几点提示：

第一，女生应加强自我保护意识，在人员密集的地铁、公交车、广场等公共场合，尽量不要穿得太暴露，尤其是在公交车和地铁上。透视装、低胸装、小短裙、露背装和高开衩的服装在公共场合不穿为好。

第二，在搭乘公交、地铁时，如果遇到"色狼"骚扰，不要怕，要大声斥责喊出来，第一时间引起附近乘客注意，寻求帮助，还可以狂踩色狼的脚背，甚至踢打对方要害，切忌忍让。遭遇性骚扰后，立刻拨打110报警，告诉警方具体的车次、行进方向及即将停靠的站点；如果发生在列车正好进站时，我们也可以第一时间向站台工作人员或者协警寻求帮助。

第三，出行时避免选择僻静之处，不熟悉的环境不要轻易和陌生人搭话。遇到"露体狂"不要惊慌，要保持镇定。只要我们不惊慌，他们就会觉得无趣而结束行为或自行离开。

第四，遭遇色狼后我们要正确维权。有人会把遭遇色狼的照片放上微博，进行谴责，而不是报警，这种做法不可取。如果我们拍到了色狼的照片，不论我们是受害者还是目击者，都应该报警并将这些照片提供给警方。要知道发微博不算报警，既不能对当事人形成保护，也不利于惩治这些作案者。如果色狼骚扰行为经过警方证实属实，就涉嫌猥亵他人。根据我国《治安管理处罚法》的规定，猥亵他人的，或者在公共场所故意裸露身体，情节恶劣的，处 5 日以上 10 日以下拘留。

# 四、防意外伤害

意外伤害是指外来的、突发的、非本意的、非疾病的使身体受到伤害的客观事件。意外事故非常容易造成人身意外伤害，如运动损伤、溺水、烧（烫）伤、化学物质灼伤、触电、爆炸等。

## （一）出行在外防溺水

◈**【案例】**◈**女孩水库边洗手落水，家人盲目救援溺亡**

清明节，汕头市某镇一家十多人去扫墓，因为天气很热，其中一个17岁的女孩和15岁的妹妹就到旁边的水库洗手。一个不小心，17岁的姐姐掉到了水库里，在一旁的妹妹想伸手去拉，结果一起掉了下去。闻讯赶来的叔叔马上下水营救两姐妹，尽管叔叔比较懂水性，然而最终被水呛到，他马上游回岸边，并示意大家不要再盲目下水。

但是，孩子的两个堂兄弟还是选择下水去救人，结果也没了音讯。这个时候在岸边的两个孩子的父母非常着急，于是父亲也跳了下去。看到父亲、姐姐都落在水里，年纪最小的 13 岁的弟弟随后也跳了下去。看到下水的亲人都没能再回来，在岸边的母亲竟不顾亲戚的阻拦也跳了下去。为救姐妹俩，前后共有 8 位亲人下水，结果只有叔叔一人回到了岸边。警察接到报案后赶赴救援，共打捞起 7 名溺水者，虽经在场 120 医生全力抢救，但 7 名溺水者已没有生命体征，证实死亡。

◈【评析】◈溺水是青少年出行中常见的意外。青少年外出到水库边或江河湖海边游玩，或进行诸如游泳、划船、滑水、冲浪、跳水等水上运动时，极易发生溺水伤亡事故。像本案中的水库绝对属于高危险地区。很多人在这些危险地区往往安全意识淡薄，抱着侥幸心理，觉得自己足够小心就绝对不会出现意外，但类似本案例的悲剧绝非一两例。不识水性、盲目下水、不做好准备、缺少安全防范意识，遇到意外时慌张、不能沉着自救，都是导致溺水事件发生的主观因素。

◈【防范攻略】◈为了防止溺水事故的发生，我们应当做到以下几点：

第一，不要独自一人外出游泳，更不要到不摸底和不知水情或比较危险且宜发生溺水伤亡事故的地方去游泳。我们应当选择好的游泳场所，对场所的环境，如是否卫生，水下是否平坦，有无暗礁、暗流、杂草以及水域的深浅等情况要了解清楚。

第二，必须要有组织并在老师或熟悉水性的人的带领下去游泳，以便互相照顾。如果集体组织外出游泳，下水前后都要清点人数，并有救生员做安全保护。

第三，要清楚自己的身体健康状况，平时四肢就容易抽筋者不宜参加游泳或不要到深水区游泳。要做好下水前的准备，先活动活动身体，如水温太低应先在浅水处用水淋洗身体，待适应水温后再下水游泳；镶有假牙的同学，应将假牙取下，以防呛水时假牙落入食管或气管。

第四，对自己的水性要有自知之明，下水后不能逞能，不要贸然跳水和潜泳，更不能互相打闹，以免呛水和溺水。不要在急流和旋涡处游泳，更不要酒后游泳。

第五，在游泳中如果突然觉得身体不舒服，如眩晕、恶心、心慌、气短等，要立即上岸休息或呼救。

第六，在游泳中，若小腿或脚部抽筋，千万不要惊慌，可用力蹬腿或做跳跃动作，或用力按摩、拉扯抽筋部位，同时呼叫同伴救助。

第七，远离水库、结冰湖面，不要心存侥幸，危险有时只在一念之间。

第八，在没有专业人士指导和采取必要防护措施的情况下，切勿进行潜水、冲浪、跳水等高危险动作，以免受伤。

第九，遇到溺水事故时，现场急救刻不容缓，心肺复苏最为重要。将溺水者救上岸后，要立即清除口腔、鼻咽腔的呕吐物和泥沙等杂物，保持呼吸通畅；应将其舌头拉出，以免后翻堵塞呼吸道；将溺水者的腹部垫高，使胸及头部下垂，或抱其双腿将腹部放在急救者肩部，做走动或跳动"倒水"动作。恢复溺水者呼吸是急救成败的关键，应立即进行人工呼吸，可采取口对口或口对鼻的人工呼吸方式，在急救的同时应迅速送往医院救治。

## （二）远离电线电缆，谨防触电

### ❖【案例】❖线路无防护，少年不慎触电伤亡

1. 河北省某镇 14 岁的杨某在一处没有变压器停运台区的 10KV 带电线路上触电身亡，杨某全身烧伤，其状惨不忍睹。

该区域是一个农业生产专用变压器台区，因为该台区停运多年，所以把变压器拆走了，但高压线没拆。为了防止电线被盗就保留了一相 10KV 带电电线，虽然线路有电，但是因为没有变压器了，所以没有悬挂安全警示牌。其中一根电线杆下土堆得较高，缩短了线与地面的垂直距离，容易攀登。杨某就是在攀登该处时触电身亡。

2. 13 岁的周某与邻居家小孩刘某、苗某在一处房顶上玩耍时，不慎被距地面 1.12 米的 380 伏裸线击伤。

❖【评析】❖这是两起青少年触电伤亡的案例，两个少年的遭遇令人惋惜。触电是生活中常见的一种意外情况，人体具有导电性，当通过人体流量较小时，人体不会有不良反应，对人体的影响也较小，但是当通过人体的流量达到一定量的时候就会出现不良反应了。如果电流流量达到

20 毫安以上时，对人体的伤害较大，有可能会出现呼吸不正常，心脏也会发生异常，如果再严重会导致休克，或者发生烧伤，甚至导致死亡。所以，青少年出门在外要注意裸露的电线、电器设备和用电安全，在遇到高压用电设备和使用电的时候一定要做到小心谨慎，注意安全。

供电部门也应积极履行社会责任，进一步加强对供电线路和设备的安全管理，及时排除安全隐患，避免触电伤亡事件的发生。同时，供电部门和家长以及社会相关部门应加强对未成年人安全用电的宣传教育，提高未成年人安全用电常识和自我保护意识。

※【防范攻略】※青少年外出玩耍时，一定要注意：

第一，不接近、触摸电源和电器。

第二，不要用湿手、湿布触摸、擦拭电器外壳，更不能在电线上晾衣服或悬挂物体，或将电线直接挂在铁钉上。

第三，发现绝缘层损坏的电线、灯头、开关、插座要及时报告，请电工维修，切勿乱动。

第四，不能在配电房、变压器周围逗留，更不能攀爬变压器，不能把其他物体抛向变压器或配电房内，不能乱动电器设备。

第五，万一遇有电气设备引起的火灾，要迅速切断电源，然后及时通知老师或家长。

第六，发现有人触电时，要先使触电者尽快脱离电源，再采取其他抢救措施。

## （三）遵守交通规则，远离交通事故

　　世界卫生组织 2014 年的《全球青少年健康问题》报告显示道路交通损伤是全球青少年死亡的三大主因之一。我国每年有超过 3.5 万名 14 岁以下的孩子因道路交通事故而受伤甚至死亡。很多交通事故的发生，都是由于行人不遵守交通规则和交通秩序，所以就有一种说法是"中国式过马路"。闯红灯是违法行为，根据《道路交通安全法》第 89 条的规定，我们在走路、乘车或者骑自行车出行时，如果违反道路交通安全法律、法规关于道路通行规定的，处警告或者 5 元以上 50 元以下罚款；骑自行车违反规定，拒绝接受罚款处罚的，还可能被扣留自行车。所以，闯红灯已经不光是道德素质方面的问题了，现在还涉嫌违法了。青少年要从小自觉遵守交通规则，既是维护交通秩序的需要，也是为了更好地保证自己的人身安全。

　　◈【案例一】◈**未成年违规驾驶撞车死伤**

　　某中学 15 岁的学生小常未戴头盔、无证驾驶一辆两轮摩托车搭乘一名同学，结果撞到停在路边的重型半挂牵引车的尾部，小常当场死亡，同学重伤。后经调查，小常要承担事故的主要责任。

　　◈【案例二】◈**男孩横穿马路不遵守规则被撞受伤**

　　某小学的学生小飞（8 岁）在放学路上和同学追打玩闹，

横穿马路时没有注意红绿灯的变化，被一辆车撞倒受伤。

◈【评析】◈以上案例中的孩子们都是不幸的，但如果严格遵守了交通规则，悲剧或许就不会发生。青少年天性好动，尤其是男孩子喜欢打闹，在公共场合就很容易发生意外。据分析，青少年发生道路交通损伤的情形有以下几种：第一，过马路的时候不走人行横道、打闹。"过马路左右看，不在路上跑和玩。"歌谣耳熟能详，但未必每个人都走心了。第二，过马路时着急忙慌，借着身手敏捷，在红绿灯交替的当口"冲刺"，或者在车流中穿行，都极易被剐蹭。第三，即下文案例三中的情形——骑自行车与机动车抢道。第四，在地铁、公交站台打闹、相互推搡，这极易跌落站台造成损伤。第五，把马路当成运动场。有些路段虽然相对车流较少，但马路就是马路，随时都可能有车过来，谨慎一些更安全。第六，无证驾驶车辆。就像案例一中的小常，还不到申请驾照的年龄就贸然开车上路，不仅有安全风险，也是违法行为。我国道路交通安全法规定驾驶摩托车、小汽车等车辆必须达到法定年龄（至少18岁）并取得驾驶证。会开车是一种技能，但无证驾驶只是无知的冒险。

◈【防范攻略】◈青少年出行应遵守交通规则，过斑马线需留神，拒绝无证驾驶。

第一，要加强交通安全知识的普及，提高青少年的安全意识、法治意识。这是预防道路交通安全损伤的根本之道。大家都要知道无规矩不成方圆，不遵守交通规则出行安全就无从保障。

第二，法律规定，驾驶机动车必须依法取得驾驶证、驾驶和乘坐摩托车必须戴安全头盔，也是最普通的常识。

第三，过马路时应注意以下几点：

其一，有人行横道信号灯的十字路口处，一般都设有行人等待区，在红灯时，我们应该在等待区等待通行。此外，在未设等待区的地段等待通过时，我们不要靠路边太近，以免机动车右转时，车辆右后轮对我们造成碰撞或碾轧。

其二，不要盲目后退。红灯停，绿灯行，黄灯亮了等一等。

穿越马路时，应该在保证安全的前提下，快步通过，不要在斑马线上闲庭信步，以免信号灯结束时，行人还在路面上而与正常通行的机动车发生冲突。如果红灯亮起时，我们仍处于机动车道上，千万不要后退，以免发生危险，而应在确保安全的情况下继续前行，直至通过路面或在道路中心线等待下一次绿灯亮起后再行通过。

其三，先观察后通过。走人行横道，经过路口"一慢二看三通过"，不能翻越马路中间的护栏。

我们应当在人行道内行走，没有人行道的靠路边行走；通过有交通信号灯的人行横道，应当按照交通信号灯指示通行；通过没有交通信号灯、人行横道的路口，或者在没有过街设施的路段横过道路，应当在确认安全后通过。

第四，在道路上行走要走在人行道上，没有人行道的要靠路边行走；群体行进要列队，横排不要超过两人。不要在车行道、桥梁、隧道或交通安全设施等处逗留；不要在路上玩耍、抛物、泼水、散发印刷广告或进行妨碍交通的活动。不要穿越、攀登或跨越隔离设施。

第五，身边有车时，不论车是正在行进还是停靠在一旁，我们都要注意和车辆保持一定的距离，不要站在司机的视野盲区，比如大型车辆的后方。

### ◈【案例三】◈自行车与货车"抢道"，11岁少年不幸身亡

某日清晨，11岁的小灵仍像往常一样，骑着自行车去上学。出门后，为图方便，她骑着自行车进入了机动车道。谁料此时，一辆大货车正从其身后驶过来。司机避让不及，货车发生侧翻，货厢正压在了小灵身上，小灵当场死亡。

◈【评析】◈自行车应该是我国小孩子最先拥有的"交通工具"。小区内，从四五岁的小孩到十来岁的青少年，练车、玩车已成为一道"风景线"。目前，我国中小学生骑自行车上下学的情况比较普遍，抢行、闯红灯、逆行、带人等违规行为在该"骑行族"中并不鲜见，再加上复杂的交通路面，这些年轻的"骑车族"的人身安全情况令人担忧。据调查，在我国骑自行车人的交通事故死亡人数占交通事故死亡总数的1/3。事故原因既包括骑车的青少年不遵守交通规则的情况，也包括其他车辆和行人未遵守交通规则导致的伤害。对于青少年来说，从自身做起，在骑车出行时注意自我防护，才是避免人身伤害的关键。

◈【防范攻略】◈大家骑自行车出行，要注意以下几点：

第一，不满12周岁不能在道路上骑车；没有车闸或没有安全保证的自行车不能上路；不要在人行道、机动车道上骑自行车。

第二，骑车要慢一些，不要骑到机动车道上，更不能一边骑车一边听音乐。要自觉遵守交通规则，红灯停，绿灯行。

第三，要在非机动车道上行驶，在混行道上要靠右边行驶。

第四，经过较大陡坡或横穿四条以上机动车道时应当推车行走；雨、雪、雾等天气要慢速行驶，路面雪大结冰时要推车慢行。

第五，转弯时要提前减速慢行，向后瞭望，伸手示意，不要突然猛拐；超越前方自行车时，不要与其靠得太近，速度不要过猛，不要妨碍被超车辆的正常行驶。

第六，不要手中持物骑车，不要双手离把骑车，不要两人骑一辆车；骑车不要曲折行驶，不要相互竞驶，不要两辆以上并排行驶。

第七，两辆车行驶，两人不要相互勾肩搭背，不要相互挤抹，不要相互追逐。

第八，不要骑一辆车，再牵引另一辆车，不要紧随机动车后面行驶，不要手扒机动车行驶。

第九，过马路时要下车，应走人行横道。要学会估测来车与自己之间的安全距离，当车辆正在行驶时，我们与来车距离15米时不能抢道，25米以上才较安全。通过郊外马路时，要与来车距离大于 40 米以上才能通过。公路上骑车，千万不要抓住正在行驶的机动车，以免车速过快、不稳而摔倒，或因机动车突然刹车而被撞伤。

第十，骑车不慎将要跌倒时，与其拼命保持平衡，还不如索性摔倒。因为勉强保持平衡，就忽视了自我保护，往往导致严重的挫伤、脱臼或骨折等后果。所以，遇到意外时，迅速地把车子抛掉，人向另一边跌倒。此时，全身肌肉要绷紧，尽可能用身体的大部分面积与地面接触，不要用单手、单肩或单脚着地。

第十一，机动车在其正确行驶路线上相较于非机动车有"先行权"，自行车在遇前方路障需要绕行占道时，一定要主动避让机动车。

此外，我们要了解一些交通事故的应对措施。在遇到交通事故时，首先要联系 120 医疗急救车、事故救援车，联系交警认定事故责任，留取对方信息（车牌号，司机姓名联系方式、体貌特征），保全现场证据后再移动车辆；同时，处理交通事故时，要注意安全，避免二次事故的发生。

◈【案例四】◈ 马路上溜冰耍酷险象环生

在南宁市民族大道上一个 20 来岁的青年男子穿一双轮滑鞋，弓着身子双脚一蹲一撑地前行。他从南湖桥头沿着慢车道往民族广场方向行走。当时，正值上班高峰期，慢车道上摩托车、电动车、自行车川流不息。然而，青年男子却不管不顾，照样在车水马龙的慢车道上穿行。因为脚蹬轮滑鞋的速度，毕竟不如摩托车、电动车、自行车快，而且脚蹬轮滑鞋的他还左一蹲右一撑地滑，显得"横行霸道"。

有一些胆小的女士骑摩托车、电动车路过时，想从青年男子身边超越，可见到他左一晃右一摆地滑，大家担心碰倒他，惹上麻烦事，只能慢慢跟随其后行驶。也有许多赶时间上班的人，纷纷瞅准机会从该男子摇摆的身躯旁冲过，可谓险象环生。在行至民族园湖路口时，一个小伙子骑摩托车从其左边超越时，脚蹬轮滑鞋的青年男子身子正好也往左边晃动，两人差一点就相撞。

◈【评析】◈ 近年来，"轮滑"运动在青少年中颇为流行。一些人甚至无视交通安全，穿着轮滑鞋跑上马路。三五成群的青少年脚穿轮滑鞋，一边聊着天，一边在街道上飞驰而过，甚至不顾危险冲上快车道，在机动车道上相互追赶；还有些家长扶着孩子在马路上学习。由于缺乏安全意识和自我保护能力，加之有的道路不畅、交通拥挤，这种看似时髦的"刷街"行为暗藏许多危险。

◈【防范攻略】◈ 轮滑虽然有益健身，且青少年容易追崇这种时尚，但是切勿为追赶时髦而在公共道路上进行轮滑，这样不但是对自己人身安全的一种忽视，更是对他人生命安全的一种威胁。

人穿上轮滑鞋后注意力会集中在平衡上，分散了对路面状况、过往车辆和红绿灯信号的注意。虽然利用轮滑短途出行速度快、成本低，但现在路上大多车多路窄，轮滑运动最高时速可达 40 公里，一旦控制不好很容易发生事故。街头轮滑是法律明文禁止的行为。根据《道路交通安全法》和《道路交通安全法实施条例》的规定，行人不得在道路上使用滑板、旱冰鞋等滑行工具，违反此规定的，将处以警告或5元以上50元以下罚款。此处的道路是指公路、城市道路和虽在单位管辖范围但允许社会机动车通行的地方，包括广场、公共停车场等用于公众通行的场所。

轮滑运动者应考虑交通安全因素，遵守交通法规，不要到马路等有车辆行驶的公共场所轮滑。同时，希望家长教育孩子树立安全意识，不要让孩子上街轮滑，以免发生意外。对于年幼的儿童，家长应进行教育说服，使其从小树立起安全意识，不在道路上玩轮滑或者进行类似危险的活动。

## （四）人员密集场所谨防踩踏事故

### ※【案例】※ 下课不走安全出口，学生拥挤踩踏数人伤亡

某日晚，湖南发生一起校园踩踏事件。当晚天空下着大雨，某中学21：10下晚自习，学生们为了不淋雨，没有按照平时的要求从教学楼四个不同的出口走，而是都不约而同地选择了距离宿舍最近的楼梯口。当时，楼梯口只有1.5米宽，下晚自习的时候有几个学生在一楼堵住了大路，当三楼至五楼的学生蜂拥而下的时候，突然有一个学生跌

倒，导致后面的学生拥挤在一起，最后酿成了踩踏事故，造成8人死亡（年龄在11岁至14岁之间），26人受伤，另有8人留院观察。

❀【评析】❀这个案例是发生在校园里的踩踏事件，还不算严格意义上的出行意外，我们选取它是希望能在在校的青少年朋友中警钟长鸣。踩踏事件多发生在人员集中的地方，由于人多，其造成的损害就大。

在那些空间有限，人群又相对集中的场所，例如球场、商场、狭窄的街道、室内通道或楼梯、影院、酒吧、夜总会、宗教朝圣的仪式、彩票销售点、超载的车辆、航行中的轮船等都隐藏着潜在的危险，当我们身处这样的环境中时，一定要提高安全防范意识。

在拥挤行进的人群中，如果前面有人摔倒，而后面不知情的人继续前行，那么人群中极易发生像"多米诺骨牌"一样连锁倒地的拥挤踩踏现象。在人多拥挤的地方发生踩踏事故的原因有多种，一般来讲，当人群因恐慌、愤怒、兴奋而情绪激动失去理智时，往往容易发生危险。如果我们此时正好置身在这样的环境中，就非常有可能受到伤害。在一些现实的案例中，许多伤亡者都是刚刚意识到危险就被拥挤的人群踩在脚下，因此如何判别危险，怎样离开危险境地，如何在险境中进行自我保护，就显得非常重要。

❀【防范攻略】❀青少年身体矮小、力气小，面对拥挤混乱的人群，极易出现危险。青少年出行在外要注意以下几点：

第一，在公共场所，要查看所处环境是否存在安全隐患，尽量不要到人多拥挤的地方，以免发生碰撞甚至是踩踏事故；要注意公共场所的安全提示标志，比如说警示牌等，远离那些不安全的场所；在游乐场游玩的时候，要认真阅读玩具或游乐设施的使用说明，按使用规则操作，听从工作人员的指挥，避免发生意想不到的伤害。

第二，不要在滑雪、滑冰时追逐打闹，身上不要带钥匙、小刀、手机等硬器，以免摔倒硌伤自己。

第三，参加大型集体活动或在人群聚集的商场和广场游玩时，不拥挤、不起哄、不制造紧张或恐慌气氛，防止出现踩踏事故。

第四，遭遇拥挤的人流时，应该马上避到一旁或顺着人流走，不要试图超过别人，更不能逆行；当发现前方有人突然摔倒后，旁边的人一定要大声呼喊，尽快让后面的人群知道前方发生了什么事，否则，后面的人群继续向前拥挤，就非常容易发生拥挤踩踏事故；如果鞋子被踩掉，不要贸然弯腰提鞋或系鞋带，以免被人流挤倒；被人流挤倒后，要设法靠近墙角，身体蜷成球状，双手在颈后紧扣以保护身体最脆弱的部位。

第五，发觉拥挤的人群向自己行走的方向来时，应立即避到一旁，不要慌乱，不要奔跑，避免摔倒。

第六，在观看比赛时遇到球场骚乱时，应避免在看台上来回跑动，要迅速、有序地向自己所在的看台的安全出口移动。同时要注意远离栏杆，以免栏杆被挤折而伤及自身。

第七，发生重大安全隐患或突发事故时，应听从指挥有序疏散，逃离现场，并及时与各部门取得联系，寻求支援。

## （五）发生自然灾害时要镇定避险

生活中偶尔会遭遇一些"飞来横祸"，典型的如遭遇精神病人的殴打或如火山爆发、台风、飓风、地震、森林大火、水灾、雷击、海啸等自然灾害。对于这些突发事件，我们应该了解一些必需的防范常识，以便尽可能地减少和避免损害。

❈【案例一】❈突遇地震时如何防范

大家想必对 2008 年 5 月 12 日在四川汶川发生的 8 级地震仍心有余悸。经验表明，破坏性地震发生时，从人们发现地光、地声，感觉有震动，到房屋破坏、倒塌，形成灾害，有十几秒，最多三十几秒的时间。这段极短的时间叫预警时间。我们如果掌握一定的知识，事先有一些准备，又能临震保持头脑清醒，就可能抓住这段宝贵的时间，成功地避震脱险。下面针对外出时突遇地震时如何避震，我们收集了一些建议供大家参考。

❈【防范攻略】❈如果在外出时，突遇地震，大家要记住以下几点：

第一，如果是在室内，不要慌张地乱跑，宜就近躲避。地震发生时，慌慌张张地向外跑，碎玻璃、屋顶上的砖瓦、广告牌等掉下来砸在身上，是很危险的。可以迅速躲在桌子、床等坚固的家具下面，如果来不及也可以紧挨墙根，同时注意用随手物件保护头部。水和食物尽可能放在床头等出事情就可以拿到的地方。找到毛巾弄湿捂住口鼻，避免地震产生的灰尘堵住呼吸道。

第二，如果是在百货公司、剧场等人员较多的场所，要听从工作人员的指示行动。

第三，逃生时不能使用电梯。万一在搭乘电梯时遇到地震，将操作盘上各楼层的按钮全部按下，一旦停下，迅速离开电梯。万一被关在电梯中，请通过电梯中的专用电话与管理室联系、求助。

第四，如果是在户外，要保护好头部，向开阔地撤离。不要靠近水泥预制板墙、门柱等躲避。

第五，如果在火车或汽车上，不要互相拥挤，等车停稳后，有秩序下车疏散。

第六，在户外时，务必注意山崩、断崖落石或海啸。在山边、陡峭的倾斜地段，有发生山崩、断崖落石的危险，应迅速到安全的场所避难。在海岸边，有遭遇海啸的危险。感知地震或发出海啸警报的话，请注意广播、电视等的信息，迅速到安全的场所避难。避难时要徒步，携带的物品应在最少限度。

第七，不要听信谣言，不要轻举妄动。相信从政府、警察、消防等防灾机构直接得到的信息，决不轻信不负责任的流言蜚语，不要轻举妄动。

第八，出门旅行时，一是要买保险；二是到酒店或者其他陌生地方时，要留意其安全通道和相关措施的位置，万一遇到地震就可以选择相对安全的位置避震。

### ◈【案例二】◈突遇水灾时的安全提示

水灾泛指洪水泛滥、暴雨积水和土壤水分过多对人类社会造成的灾害。一般所指的水灾，以洪涝灾害为主。水灾威胁人民生命安全。造成巨大财产损失，并对社会经济发展产生深远的不良影响。防治水灾虽已成为世界各国保证社会安定和经济发展的重要公共安全保障事业，但根除是困难的。至今，水灾仍是一种影响最大的自然灾害。

2012年7月21日至22日8时左右，我国大部分地区遭遇暴雨，其中北京及其周边地区遭遇61年来最强暴雨，暴雨造成了积水、山洪和泥石流三种自然灾害。在城区，很多汽车水中熄火，甚至有司机被困车内溺水身亡，还有行人被卷入地下水道溺亡。在山区，因山洪和泥石流也造成了很大的损失。

◈【防范攻略】◈在外出时，突遇暴雨或者其他水灾时如何防范和自救，我们归纳了以下几点建议，供大家参考：

第一，在汛期出行时，要关注天气预报，尽量避免前往预警地带，如果要去，也应该做好充分的安全措施。

第二，遇到水灾，首要的当然是尽快转移到安全地带。不要贪恋财物，以免耽误转移时间。如果来不及转移，也不必惊慌，可向高处（如结实的楼房顶、大树上）转移，等候救援人员营救。

第三，尽量不要徒步涉水，远离积水深的区域，不要靠近沟河行走，以免落水。

第四，如果乘坐的汽车被水淹了，第一件事就是要立即解开安全带，然后马上打开电子中控锁，以防车门电路失灵。如果是刚刚积水的话，一定要及时打开车窗，全力打开车门逃生。如果错过这个时间点，也不要惊慌失措。车厢入水后，因为发动机前置的原因，车头向下，车尾向上翘起。整个注水过程一般需半小时，在逐渐下沉过程中，车身缝隙会不断进水，到内外压力相等时，车厢内水位才不再上升。当水位不再上升时，做一个深呼吸，然后打开车门或车窗逃出。

假如车门打不开，可用修车工具或在手上缠上衣服后打碎车侧窗玻璃（前挡风玻璃因为是夹胶玻璃，在水中几乎无法打破），如果车内一时无法找到合手的尖锐物品，则需要把座椅头枕拔出，用其后端的钢制插头对准侧窗的窗角猛击，然后从侧窗游出。

第五，无论是孤身一人还是身处人群聚集处，突遇洪水，被围困于基础较牢固的高岗台地或砖混、框架结构的住宅楼时，只要有序固守等待救援或等待陡涨陡落的山洪消退后即可解围。如遭遇洪水围困于低洼处的岸边、干坎或木、土结构的住房时，有通信条件的，可利用通信工具向当地政府和防汛部门报告，寻求救援；无通信条件的，可制造烟火或来回挥动颜色鲜艳的衣物或集体同声呼救，不断向外界发出紧急求助信号，求得尽早解救。当发现救援人员时，应及时挥动鲜艳衣物，发出求救信号；情况危急时，可寻找体积较大的漂浮物等，主动采取自救措施。

身处危房时要迅速撤离，寻找安全坚固处所，避免落入水中。除非在水可能冲垮建筑物或水面淹过屋顶时被迫离开，否则待着别动，等水停止上涨时再逃离；自制木筏等逃生工具，利用通信设施联系救援，如镜子反光发出求救信号；晚间利用手电筒及火光发出求救信号。

第六，防汛主管部门统一调度时，要服从指令，不要擅自个人行动。

### ❀【案例三】❀发生火灾时的逃生技巧

火灾是指在时间和空间上失去控制的燃烧所造成的灾害。在各种灾害中，火灾是最经常、最普遍地威胁公众安全和社会发展的主要灾害之一。人类能够对火进行利用和控制，是文明进步的一个重要标志。所以说，人类使用火的历史与同火灾作斗争的历史是相伴相生的，人们在用火的同时，不断总结火灾发生的规律，尽可能地减少火灾及其对人类造成的危害。

火灾一般是由于人们疏忽大意造成的，常常事发突然，令人猝不及防，后果很严重。

❀【防范攻略】❀我们遇到或发现火灾时，要尽可能地冷静，并参考下面几点进行火场自救或逃生：

第一，到新的环境时，一定要注意其逃生通道和灭火器的位置等，一旦发生火灾，就可以多一份安全选择。

第二，发现火灾，应尽快拨打"119"电话呼救，及时向消防队报火警。遇有火灾，不要围观。有的人出于好奇，喜欢围观消防车，这既有碍于消防人员工作，也不利于自身的安全。

第三，身处火场时，如果是着火点比较小，身边又有灭火的器材且自己会使用时，可以先扑灭火源，以防扩大火势。

第四，如果身处在室内，发现起火后，首先应该用手背去接触房门，试一试房门是否已变热，如果是热的，门不能打开，否则烟和火就会冲进卧室；如果房门不热，火势可能还不大，通过正常的途径逃离房间是可能的。离开房间以后，一定要随手关好身后的门，以防火势蔓延。逃生时，千万不要盲目地跟从人流和相互拥挤、乱冲乱窜。撤离时要注意，朝明亮处或外面空旷地方跑，要尽量往楼层下面跑，若通道已被烟火封阻，则应背向烟火方向离开，通过阳台、气窗、天台等往室外逃生。不要搭乘电梯。

第五，逃生时经过充满烟雾的路线，为了防止火场浓烟呛入，可以用湿的毛巾、口罩蒙住口鼻。穿过烟火封锁区，应佩戴防毒面具、头盔、阻燃隔热服等护具，如果没有这些护具，那么可向头部、身上浇冷水或用湿毛巾、湿棉被、湿毯子等将头、身裹好，再冲出去。

第六，当逃生通道被切断且短时间内无人救援时，可采取创造避难场所、固守待援的办法。首先应关紧迎火的门窗，打开背火的门窗，用湿毛巾与湿布塞堵门缝或用水浸湿棉被蒙上门窗，然后不停用水淋透房间，防止烟火渗入。

第七，被烟火围困暂时无法逃离的人员，应尽量待在阳台、窗口等易于被人发现和能避免烟火近身的地方。在白天，可以向窗外晃动鲜艳衣物，或外抛轻型、晃眼的东西；在晚上即可以用手电筒不停地在窗口闪动或者敲击东西，及时发出有效的求救信号，引起救援者的注意。

第八，跳楼逃生，只有在消防队员准备好救生气垫并指挥跳楼时，或楼层不高（一般4层以下），非跳楼即烧死的情况下，才可采用。跳楼也要讲技巧，跳楼时应尽量往救生气垫中部跳或选择有水池、软雨篷、草地等方向跳；如有可能，要尽量抱些棉被、沙发垫等松软物品或打开大雨伞跳下，以减缓冲击力。如果徒手跳楼一定要扒窗台或阳台使身体自然下垂跳下，以尽量降低垂直距离，落地前要双手抱紧头部身体弯曲蜷成一团，以减少伤害。请记住：跳楼不等于自杀，关键是要有办法。

第九，如果发现身上着了火，千万不可惊跑或用手拍打。当身上衣服着火时，应赶紧设法脱掉衣服或就地打滚，压灭火苗；能及时跳进水中或让人向身上浇水、喷灭火剂就更有效了。

第十，如果身处野外，发现火灾，要迅速向安全地带转移。选择火已经烧过或杂草稀疏、地势平坦的地段转移；

穿越火线时要用衣服蒙住头部，快速逆风冲越火线。切忌顺风在火线前方逃跑。安全后，应及时报警，准确报告起火方位、火场面积以及燃烧的植被种类。

⊗【案例四】⊗雷电天气出行要注意安全

1. 一女生在下课后徒步返回宿舍时，与两个朋友共享一把雨伞挡雨，此时其手机响起，她拿起手机接听时竟被雷电劈个正着，该女生的胸部被严重烧伤，在被送往医院后不久伤重不治身亡。

2. 一日清晨正值雷电交加，大连市一小学的5名小学生被空中落下的火球击倒，其中3人被送往医院。令人意外的是，受伤较轻的学生都没有打伞而是穿着雨衣，而伤情较重的学生都是打着伞的。

⊗【评析】⊗雷击是几乎不可避免的自然灾害，我们目前虽然没有力量控制雷击的发生，但我们可以采取一些措施来保护自己的安全。事实证明，采取与不采取措施，采取的措施科学与否，其结果大不相同。雷电有个"癖好"，就是喜欢离自己近的东西和易导电的物体。这也就是大树、高压电线、高的建筑物容易被雷电击中的原因。下雨天不能打手机，这个常识很多人应该知道。但打伞为什么也会被雷电击中呢，是不是伞柄是金属的缘故呢？据专家介绍，无论什么材质的雨伞都无法起到防雷的效果，金属伞柄可能危险系数更高。所以，在雷雨天出行，我们有必要了解一些防雷常识，保护好自己。

⊗【防范攻略】⊗第一，当雷电发生时，如果在户外，不宜在山顶、山脊或建筑物顶部、孤立的大树或烟囱下、铁栅栏、金属晒衣绳、架空金属体以及铁路轨道附近停留。不宜在室外游泳池游泳、湖泊海滨游泳、开摩托车、骑自行车，不宜打伞，不宜把金属工具、羽毛球拍、高尔夫球杆等扛在肩上。随身携带有手机、电脑的，应该及时关闭，尤其不能在雷雨天接打电话。不要在雨中行走，避雨应迅速躲入有防雷设施保护的建筑物内，或有金属顶的各种车辆及有金属壳体的船舱内。如果不具备以上条件，应远离高处，选择地面干燥的地方，双脚并拢地蹲下。

第二，雷雨天乘坐车辆时，也要关闭车窗，不要把头伸出窗外。

第三，如果雷雨天正好在室内，也应关好门窗，关闭电器，如电视机、电吹风等，并拔掉电源插头；同时，要远离室内的金属设施，如暖气片、下水管道及门窗。在室内不要穿潮湿的衣服，更不要靠近潮湿的墙壁。

第四，一般情况下，人们在遭受雷电前，都会有所感应，会突然有头发竖起或皮肤颤动的感觉，如果有了这种感觉，应立刻躺倒在地上，这样比站立要安全一些。

第五，如果和我们在一起的同伴不幸被雷电击中，产生休克现象，我们要尽可能快地给他做人工呼吸，使其及早苏醒。被雷电击中的人身上并不带电，无须使用绝缘工具。

## （六）其他意外事件的应对

◈【案例一】◈精神病患者无端施暴，祖孙三人不幸遇害

某日下午 5 点多，一对姐弟骑车回家，在离家不远的小树林旁碰到了江某，江某无缘无故用铁锹行凶打人。先打的是男孩，姐姐去拉，结果把姐姐也打了。孩子的奶奶闻声赶到后，也被江某打倒在地。等村民赶过来施救时，祖孙三人已经死亡。被害的女孩 18 岁，读高二，男孩才 14 岁。事发时，孩子们的父母不在家，而打人的江某是这两个孩子的堂叔，有精神病史，曾经接受过治疗。事后，江某手持棍棒藏在家中，民警强行入屋将其抓获。

◈【评析】◈类似精神病患者伤人的情况的确防不胜防。但在日常生活中，对于辨认精神病患者，我们并非没有规律可循。多数精神病患者在发病时往往流露出多种反常迹象，如独来独往、喃喃自语、行为怪异，甚至很多已有暴力倾向。如果遇到这样的人，我们就要尽量躲避开，不要主动招惹，如果被其骚扰或者追赶，要立即躲避，不要与之纠缠。

由于精神病人在发病时无法辨认和控制自己的行为，对于在这期间给周围人群生命财产造成损害的，法律上对其责任的追究与正常人的不一样。我国刑法规定，对于实

施了被刑法所禁止的行为且依法不承担刑事责任的精神障碍者，应当责令其家属或者监护人严加看管和医疗，必要时，由政府强制医疗；尚未完全丧失辨认或者控制自己行为能力的精神病人犯罪的，应当负刑事责任，但可从轻或减轻处罚。这也就是说，精神病患者造成他人人身和财产损害的，不是不承担法律责任，而是承担的方式与普通人的不一样。当然，是不是精神病患者，以及在作案时是不是发病期间，这都要经过司法鉴定作出判断。

◈【**防范攻略**】◈第一，遇到精神病患者，应当尽快远离、躲避，不要围观。

第二，不要挑逗、取笑、戏弄精神病患者，不要刺激他们，以免招致不必要的伤害。

第三，智力有障碍的人，甚至醉酒者，也会作出类似精神病患者的举动，青少年们也应躲避，不要刺激他们。当他们自身遇到危险或者作出伤害他人的举动时，应当向老师、民警或其他成年人报告。

第四，如果遭到精神病患者的袭击和伤害，一定要报警，通过法律程序来确定其责任、维护自己的权益。

◈【**案例二**】◈**少年挑逗小狗反被咬伤**

16岁的小刚在小区外遛弯时，看到有人拉着一只小狗很是乖巧，一向喜欢小动物的他就上前搭话，在和狗主人聊了几句后，小刚俯身摸了摸小狗背部，见小狗没有反抗，小刚夸了句"真乖"，又伸手去摸小狗的头时，小狗突然发威咬住了他的手。虽然伤口不深，但小刚还是去了医院，并在医生的建议下打了狂犬疫苗。小刚的家长觉得小狗的主人应该对小刚给予赔偿，小狗的主人则觉得很委屈：是你自己挑逗在先啊。

❖【评析】❖近年来，随着宠物数量的增加，狗咬人的事件也是屡见报端。狗咬人既有狗主人看管不周的原因，也有被咬者主动挑逗招惹的情形。本案中小刚的行为就有挑逗之嫌。当然，作为狗主人对于自家狗狗的秉性最为了解，在他人逗弄自家狗狗时应该作出安全提示。狗咬人事件，说到底板子是要打在人身上的。相对而言，狗主人应该承担起更严格地看管之责。各地对养狗都有明文规定，狗主人应该严格遵守这些规定，既是对狗狗的爱护，也能避免给自己带来麻烦。同时，我们也要了解一些安全常识，以防在外遇到狗狗时被攻击。

❖【防范攻略】❖第一，不要随意挑逗、喂食他人的狗，即便是自己熟悉的狗也要注意安全。

第二，被狗追赶时，不要慌张逃跑，这样可能反而会刺激狗进一步追赶甚至是作出攻击，可以作出弯腰在地上拾取东西的动作，可以比较有效地制止狗进一步靠近。

第三，遇到狗靠近时，即便很害怕，也一定注意不要高声喊叫，最好是原地不动，大多数的狗过来闻闻味道就会走开了。

第四，被狗咬伤后，只要被咬部位有局部皮肤破损，无论伤情轻重都需要按狂犬病预防程序处理。伤口处理刻不容缓，应立即用肥皂彻底清洗伤口，清洗时间不能少于

20分钟，然后用酒精消毒，伤口不可做缝合和包扎，同时要及时接种狂犬疫苗；如果是头面部被咬伤了，还要足量注射狂犬病免疫血清。

这里我们要特别说一下狂犬病。狂犬病又称"恐水症"，是人被带有狂犬病毒的动物（如狗、猫等）咬伤后导致的传染病。发病初始多有低热、头痛、倦怠、恐惧、烦躁不安，已愈合的咬伤处出现痛、痒、麻木或蚁走感；然后心率加快、血压升高，有强烈的恐惧感，常极度兴奋，流涎、流汗，可因某些刺激，尤其是听到水声等而引起强烈的喉肌痉挛或惊厥；最后渐趋安静，出现全身弛缓性瘫痪，终因呼吸循环衰竭而死亡。狂犬病的潜伏期平均为3~8周，最长者可达20余年，发病后极其危险，病死率达100%。防治狂犬病的关键在于预防，而不是治疗。所以，在被狗咬伤后，一定要注射狂犬疫苗，做好预防工作。

第五，被猫、蝙蝠、狐狸、狼、猫鼬、浣熊、臭鼬、马、猪、猴子、鼠等动物抓咬伤时，应参照上述办法处理。

### ❉【案例三】❉被蜱虫叮咬不能随便捏拽

6岁男孩小彬和家人一同出外游玩回家后，总是跟妈妈说自己头疼。妈妈把小彬的头发拨开，发现他的头皮上有一个像西瓜子模样的东西，用手指一弹，"西瓜子"纹丝不动，仔细一看，原来是只蜱虫。蜱虫头部扎入小彬头皮内，体部和尾部留在外面。妈妈吓了一跳，连忙把蜱虫捏死，并向外拉。蜱虫尾部断了，头部和体部仍留在小彬头皮上，怎么也弄不出来。小彬被带往医院就诊。医生立即为小彬做手术，取出了头皮内约1厘米长的虫子异物。

◈【评析】◈蜱虫俗称"草爬子"或"牛虱"等，是一种椭圆形小昆虫，多在草地及林间出没，还可以寄生在牛、狗等皮毛密集的动物身上。蜱虫最大的危害是可以通过咬伤人体传播森林脑炎，严重者可导致患者死亡。蜱虫喜欢找"刁"位置叮咬，一般选择皮肤较薄、不易被搔挠的部位，如人的颈部、耳后、腋窝、大腿内侧等。据专家介绍，蜱虫咬人后，必须尽快取出，若任其叮咬，轻者数年内遇阴雨天气，患处便瘙痒难忍；重者则会出现高烧不退、深度昏迷、抽搐等症状，引起类似流感或登革热的出血热及脑炎。当然，有人在被蜱虫叮咬后没有任何症状，但这样也不可掉以轻心，因为发病的潜伏期可长达一个多月。近两年，时常有新闻报道蜱虫咬人的事件，小孩和老人被咬后症状明显，2014年就有报道称一位老人因蜱虫叮咬过世。

◈【防范攻略】◈第一，蜱虫一般活跃在夏季，主要栖息在草地、树林中。根据蜱虫的习性，我们建议青少年在野外游玩时要做好个人防护，可在颈部、手等外露体表处涂抹避蚊胺驱虫剂，尽量避免在野外长时间坐卧。在蜱虫滋生的地区活动时，尽量穿紧口、浅色、光滑的长袖衣服，在衣服的领口、袖口、裤脚等处喷涂0.2%敌百虫水溶液或0.5%拟除虫菊乙醇溶液。由于蜱虫常附着在人体头皮、腰部、腋窝、腹股沟、脚踝下方等部位，在蜱虫栖息地活动后，应仔细检查衣服、身体尤其是上述部位有无蜱虫附着。

第二，家里若养有宠物狗，在外出遛狗时，不要让狗钻树林滚草坪，以免将蜱虫带回家。

第三，一旦被蜱虫叮咬，千万不可生拉硬拽、强行拔除，也不能用手指将其捏碎。应该用酒精、煤油、松节油涂在蜱虫头部，或在蜱虫旁点蚊香，把蜱虫"麻醉"，让它自行松口；或用液体石蜡、甘油厚涂蜱虫头部，使其窒息松口。如果蜱虫的口器断入皮内，应到医院予以取出。

第四，被蜱虫叮咬后，要注意观察全身状况，如果出现严重的不适感或无形体病的表现时，应立即到医院就诊。

### ❁【案例四】❁学生校外用餐发生食物中毒

午饭时，某中学初三年级的4名同学每人出了一份钱，合伙到学校对面的餐馆点了一桌菜：一盘土豆丝、一碟小白菜、一盘泡椒肉丝和一碗番茄蛋汤。两个小时后，正在上课的这几个同学先后上吐下泻。隔壁班的几名女同学也出现了同样的症状。老师立即将这些同学送往医院救治，经诊断这几名同学都是食物中毒。另经调查发现，这几名同学都是在同一个餐馆吃了同样的菜出现了中毒状况。后经检验，这些同学属于亚硝酸盐中毒。

### ❁【案例五】❁野外玩耍警惕食物中毒

10岁的哥哥明明和9岁的妹妹丽丽因为周末放假就跟着爷爷到乡下去玩。下午2点，看到爷爷到山坡上干活去了，明明和丽丽便偷偷跑到山上玩，见桑树结满了野桑葚，两人爬上树摘桑葚吃了个够。下午4点多，爷爷回家发现孩子不见了，满山遍野找了一圈也不见踪影，赶紧发动全家人寻找。直到晚上 8 点，家人才在一条小路边发现了明明和丽丽。只见两孩子满身都是桑葚污渍，捂着肚子倒在路边一个劲地叫肚子痛，见大人来了又是哭又是闹。爷爷赶紧报警求助。民警及时赶到现场，明明和丽丽说他俩在树上摘了很多桑葚吃，之后就觉得肚子痛。了解情况后，民警将俩孩子送到医院。经医生诊断，明明和丽丽是吃了野果中毒，紧急治疗后中毒症状有所缓解。据了解，桑葚为桑树的果实，可入药或生食。桑葚含维生素、胡萝卜素、挥发油、抑制物等，挥发油、抑制物主要为有毒成分，食用过多会导致食物中毒。明明和丽丽主要是由于食入桑葚过多导致的中毒，中毒严重者还可能危及生命。

医生提醒，桑葚在树上成熟之后，容易引来蚂蚁、蚊虫等携带细菌的动物的叮咬。大家在食用桑葚之前，最好用清水反复浸泡、冲洗。

## ◈【案例六】◈野外游玩误食曼陀罗

12 岁的小恺和小强、小海结伴到野外玩耍。其间，他们看到野地里长着一种美丽的野花，闻了闻，感觉气味香甜，就采摘了些花朵放在嘴里品嚼。随后，他们又摘了些这种花结的青果子。不久，三人都出现了面色潮红、意识恍惚、浑身抽搐等症状。被送到医院检查后，确定三人为药物中毒。

根据三个孩子的描述，医生专门跑到他们玩耍的地方摘回上述花果。经辨认，确定导致他们中毒的野花叫曼陀罗。医生们当即对症治疗，三个孩子先后脱离危险。

❖【评析】❖根据致病原因，食物中毒可以分为五类。

一是细菌性食物中毒，主要是吃了含有大量细菌或细菌毒素的食物而发生的食物中毒，如食用直接从冰箱里取出的食物，或者剩菜剩饭未充分加热而食用等。这类食物中毒大多发生在热天，其他季节也可能发生。

二是化学性食物中毒，即误食有毒物质或食入被其污染的食物引起的食物中毒，如某些金属、类金属化合物，亚硝酸盐和农药。案例四中的几位同学就是此类食物中毒。路边摊、小餐馆等是高风险区域，我们在外出就餐时，一定要关注用餐场所的卫生条件。

三是有毒动物食物中毒，即食入某些有毒动物或动物有毒脏器而引起的食物中毒。某些动物因储存不当即产生某些有毒成分，食后亦可引起中毒，如河豚、有毒鱼、贝类。

四是有毒植物中毒，这是指误食有毒植物或食入因加工不当而未除去有毒成分的某些植物而引起的食物中毒，如毒蕈、鲜金针菜、发芽马铃薯、四季豆、杏仁等中毒。案例五中的兄妹俩就属于此类。需要强调的是，像桑葚这样的植物，尽管具有一定的有毒成分，但少量实用是无害的。这也提醒我们，再好吃的东西也要适可而止。

五是真菌毒素和霉变食品中毒，是指食用被某些真菌毒素污染的食物而引起的中毒，其污染食物有两种情况：一种是谷物在生长、收获、储存过程中受到真菌污染，真菌在谷物中繁殖并产生毒素，如霉变的花生；另一种是食物在制作、储存过程中受到真菌及其毒素的污染，如赤霉病菱角中毒、霉变甘蔗中毒等。

案例六其实并不属于严格意义上的食物中毒，而是"误食"导致的中毒。虽然说民以食为天，但也不是所有的东西都能入口的。除了毒蘑菇，还有一些我们不熟悉、不认识的植物以及果实，都不能采来就吃。

◈【防范攻略】◈我们在外出就餐、旅行、野外郊游时，一定要注意饮食的安全性，以下几点仅供参考：

第一，尽量不要在路边摊和卫生条件差的大排档、小餐馆用餐，不购买"三无"食品。在商店、超市购买食品、饮料时需注意生产日期及保质期，不要食用过期食品。

第二，有些食物的制作必须具备一定的资质，比如河豚。此外，田螺等河鲜是食物中毒的高危险食品，淡水螺常藏有寄生虫，进食此类水产时必须以摄氏75度以上热水煮超过10分钟，才能彻底杀菌。

第三，食品在食用前要彻底清洁。生吃瓜果要洗净。瓜果蔬菜在生长过程中不仅会沾染病菌、病毒、寄生虫卵，还有残留的农药、杀虫剂等，如果不清洗干净，不仅可能染上疾病，还可能造成农药中毒。需加热的食物要加热彻底。如菜豆和豆浆含有皂甙等毒素，不彻底加热会引起中毒。

第四，尽量不吃剩饭菜。如需食用，应彻底加热。剩饭菜，剩的甜点心、牛奶等都是细菌的良好培养基，不彻底加热会引起细菌性食物中毒。不吃霉变的粮食、甘蔗、花生米（粒上有霉点），其中的霉菌毒素会引起中毒。

第五，接触过化学品如杀虫剂、消毒液等时，必须洗手后再用餐。

第六，出行时，尤其是去野外时，不喝生水或不洁净的水，最好自己携带安全用水。

第七，在野外玩耍时，不要随便采食野果、野花，以免误食。

第八，旅行途中，注意饮食安全，不要暴饮暴食，在品尝当地特色饮食时，要考虑到自己的身体状况，比如平时不能吃辣，即便是特色食物也应忌口。

第九，平时要有体育锻炼，增强机体免疫力，以抵御细菌的侵袭。

第十，万一发生食物中毒，要及时采取措施。首先，食物中毒的治疗关键是排毒和及时送医院，因此无论进食了何种有毒有害食物，都应确认中毒者是因进食不良食物导致的中毒，立即采取催吐、导泻及灌肠等措施排毒。千万不要服用止吐药物。催吐只适用于已经明确属于口服毒物12小时内、神志清醒且无催吐禁忌证的中毒者。已经昏迷的中毒者，口服强酸、强碱等腐蚀性毒物的中毒者，患有食管胃底静脉曲张、胃溃疡、主动脉夹层的中毒者以及孕妇，不能催吐。其次，不要随便相信民间的解毒偏方，如喝绿豆汤、牛奶等，不但于事无补，还会延误诊疗。再次，在送医院过程中让呕吐病人采取侧卧位，防止呕吐物进入呼吸道导致窒息或误吸。最后，保护现场，封存中毒食物或可疑食物，同时尽快向当地卫生行政部门和食品卫生监督检验所报告。

# 走失　绑架
# 拐骗防范篇

# 一、防走失

走失是出去后迷了路，回不到原地或下落不明。一般发生在年龄较小的小学生中，但中学生，甚至大学生走失的事件也时有发生。

## （一）走丢不用怕，求助有方法

◈【案例一】◈ "我不能哭，哭了就会被坏人发现我走丢了"

5岁的辉辉跟着爸爸、妈妈和表哥、表姐一起到北海冲浪。第一次见到海的辉辉兴奋不已。由于涨潮，原先坐在沙滩上的父母一下被浸泡在海水中，玩疯了的辉辉并没有注意这一细节，他冲完浪后往后跑。这一跑，他就与家人走失了。当时海滩上全是人，而且插满了太阳伞，要找到一个5岁大的孩子是何等的难。辉辉的爸爸先跑到海滩出口处，防止辉辉被别人带出海滩，辉辉妈妈就和家人分头在海滩上找。找了将近30分钟，辉辉的妈妈在海滩出口处一个相对人少的地方找到正四处张望的辉辉。辉辉说，在与家人走失后，他很害怕，很想哭。但他想起妈妈曾告诉他，和大人走散后不能哭，哭了就会被坏人知道自己与家人走散了。于是，他忍着泪水，在海滩上找爸爸、妈妈。找了一段时间，还是找不到，他就往入口处走。因为他在进海滩的时候，曾经在入口附近见到过警察。

◈【评析】◈年纪小的孩子很容易在下列情形下走失：第一，在人员密集的商场和市场，家长等大人专心挑选东西，孩子被其他商品吸引后离开了大人们的视线范围；第二，在人多拥挤的场所，孩子和大人被拥挤的人群给挤散了；第三，家长去排队办理相关业务，让孩子在某个地方站着，孩子不耐烦之后擅自走开；第四，在游乐园等场所，家长让孩子玩某个项目，以为孩子会玩到一定的时间，自己先离开一会儿处理事情，回头再接孩子，结果孩子提前结束游玩却不见家长，然后跑去找家长因而走失。应该说，这些情形下孩子出现走失，都是家长的防范意识不够，就像本案中辉辉的家人一样，在人多的地方，再多的眼睛都有可能看不住孩子。带孩子出行的父母一定要加强防范意识，并给孩子教授一些简单而有效的安全自助方法。本案例中的辉辉牢记着爸爸妈妈说过的不哭的准则，而且能想到向警察求助，真的很棒。

◈【案例二】◈ "我观察了很久，觉得她比较可信"

6 岁的点点在南城百货超市与爷爷走失，她只记得妈妈的手机号码，爷爷的电话号码她不知道，于是她在商场里一遍又一遍地寻找可以让她信任的人。点点见一个年轻的叔叔从身边走过，想求他帮忙可是又害怕他是坏人。后来，点点想到了超市里的售货员，但她无法分清谁是顾客，谁是售货员。很快，点点发现，有一名阿姨拿着桶和拖把在清理卫生，点点判断她一定是超市里的工作人员。她又观察了一下，发现这个阿姨看上去很和蔼。点点立即鼓起了勇气，跑到这位阿姨的身边说："阿姨，我和爷爷走丢了，能不能帮我打个电话给我妈妈。"阿姨立即帮点点打通电话，然后与点点的妈妈约好，带点点到4号收银处等点点的爷爷。就这样，点点安全地回到了爷爷的身边。

◈【评析】◈本案中的点点很聪明，她能成功地找到爷爷，有三条经验值得大家借鉴：第一是记住了妈妈的电话。对于小学生来说，记住父母的名字和电话并不难，关键的时候就可以帮助我们及时和家长取得联系，第二是知道通过妈妈和爷爷取得联系。尽管点点不知道爷爷的电话，但是找到了妈妈就能找到爷爷，这也是个好办法，第三是知道应该向可信的人求助。必须为点点点个赞。

在有些场合，如果我们和家人和朋友走丢后又找不到警察，就要努力寻找可以信任的人。比如，穿工作服的保安和环卫工人，或者是超市、商场统一着装的工作人员，都是迷路后，可以寻求帮助的对象。

## （二）随身携带家长的联系方式

❀【案例】❀不和陌生人说话不等于不主动求助

晚 11 时，广州地铁三号线龙归站的工作人员王丽萍透过车站控制室的玻璃，发现一个 8 岁左右的小男孩在站厅里伤心地哭泣。经询问得知，当天傍晚，小男孩与家人在长隆游玩结束后，搭地铁在体育西路站换乘时与家人走散，然后不知所措地上了一趟地铁列车，到达龙归站时下车，并着急得哭起来。男孩对地铁工作人员保持极高的警惕，经工作人员的安抚和解释，他才同意跟随工作人员到设备区暂作休息。

由于小男孩不记得父母的电话，工作人员唯有仔细检查他的衣物找寻线索，最终在小孩的衣服口袋里找到了父母写下的联系电话。原来，其父母为防止小孩走失后不知道如何回家，将电话号码写下并放进小孩衣服的口袋，以备不时之需。为何与父母走散 5 小时都不寻求路人或工作人员的帮助？小男孩的回答让人啼笑皆非——因为父母一直教育他不能随便跟陌生人说话，因此他不敢向路人借电话联系父母，也没有寻找工作人员帮助，而是一直在地铁站内游荡，等候父母来找自己。

❀【评析】❀本案中的小男孩和前述案例中的点点绝对是两种截然不同的性格，所以他们在面对同样的困境时的反应也是不一样的。本案中的小男孩相对内向一点，但他也很乖巧，牢牢记得家长说过不能和陌生人说话，尽管主动性不强，但也不失为一种自我保护的策略。对于年幼或者性格内向的孩子，本案中小男孩的父母的做法值得借鉴，即可以让孩子随身携带写有家长联系方式的小纸条或者卡片，以备不时之需。

## (三)以自己为中心慢慢扩大搜寻目标，并不时回到走失原点

### ◈【案例】◈自我搜索，不时回到原点

6岁的彬彬在南宁市的航洋国际一楼上厕所，妈妈则在门口等。突然，妈妈口渴了想去买水，估计彬彬也没有那么快出来，妈妈就离开了厕所门口。这时，彬彬从厕所里出来，发现妈妈不见了，开始在商场里找妈妈。彬彬的爸爸是一名警察，时常告诉彬彬一些找人或生存的技巧。爸爸曾告诉他，和家人走丢后，不要慌，以自己为中心，慢慢扩大搜寻范围，并不时回到走散的地方。彬彬在找了10多分钟后还不见妈妈，他就按爸爸说的，回到了他与妈妈走失的厕所门口"死等"妈妈。果然，几分钟后，妈妈也回到了厕所门口，找到了彬彬。

◈【评析】◈本案中彬彬走失的情况很具有典型性，应该引起带年幼孩子出行的朋友们的警惕。彬彬爸爸教给彬彬"自我搜索，不时回到原点"的办法非常有效，不仅小

朋友应该牢记这个方法，大朋友也应该学会使用。

❈【防范攻略】❈青少年万一走失，要沉着镇静，开动脑筋想办法，不要瞎闯乱跑，以免造成体力的过度消耗和意外。

第一，平时应能牢记父母和家庭主要成员的姓名、住址、工作单位及电话号码，并经常反复记忆。找到警察帮助时，应尽量告诉警察自己的学名，以便民警尽快查找到自己的户籍身份信息。

第二，万一走失应该去找警察或者是穿相关制服的工作人员，不要胡乱求助，不要轻易相信陌生人，不要受糖果、玩具的诱惑而跟着陌生人走，要尽力回忆在来到陌生地方的沿途，曾经在哪里看到过警察，并走到那里寻求警察的帮助。

第三，年纪小的孩子，外出要随身携带"联系卡"，或者带有父母联系电话和工作单位信息的卡片，以便走失后，找到信任的人或警察能及时与家长取得联系。联系卡应该放在衣服的内侧，这样既有安全保证，又不会轻易泄露家长的信息。在有些场合，走丢后找不到警察，就要努力寻找可以信任的人。比如，穿工作服的保安和环卫工人，或者超市、商场统一着装的工作人员，或者戴值勤袖标的老爷爷老奶奶、餐厅服务台的阿姨、商店的售货员阿姨等，相对而言是较为可靠的求助对象。

第四，如果是在城市迷了路，可以根据路标、路牌和公共汽（电）车的站牌辨认方向和路线，还可以向交通民警或治安巡逻民警求助。在农村迷路时，则应当尽量向公路、村庄靠近，争取当地村民的帮助。如果是在夜间，则可以循着灯光、狗叫声、公路上汽车的马达声寻找有人的地方求助。

第五，与家人、朋友走散后，最好是在原地等待，也可以以走失的地方为中心，向四周小范围地移动寻找，并不时回到原点。

第六，与朋友、家人一起出行，可以事先约好，一旦走散在某个标志性的地点等待会合，切忌相互盲目找寻。在游乐场、商场还可以借助该场馆的广播寻找同行者。

第七，如果知道回家的路线，在与家人、朋友走散后，也可以打车，让司机送我们回家，不要担心身上没有钱，我们可以下车后让家长付钱。

第八，学校发现青少年没有按时到校的，应当及时与亲属联系，互通情况。发现无法联系到本人的，及时拨打110或走失地派出所报警，留下报警人姓名及与走失人员关系、联系方式，配合警方共同开展查找工作。同时，报警人还需向警方提供走失人员情况，包括走失人员的基本情况，如姓名、别名、性别、民族、身份证号、户籍所在地及现住地；体貌、衣着特征，包括体型、脸型、身高、体重、口音、体表标记、损伤及病理特征、穿着习惯；及近期照片及随身物品，如携带的背包、衣物、现金、银行卡、信用卡等情况。此外，报警人应该向警方提供走失人员的QQ号、微信、微博和移动电话等通信联系方式、可能去向、可能接触的亲朋好友、一同走失人员等的联系方式、住址，以及走失前的反常情况及表现等。报警后，报警人可发动单位、亲属、朋友、同学等关系人共同查找，同时向警方提出发布寻人启事的范围和要求，提供发布所需的照片等。

## （四）野外迷路不要慌，尽量沿原路返回

◈【案例】◈少年森林里贪玩迷路后镇定自救

小锐和同学利用暑假到森林中参加生物夏令营，他看什么都感到新鲜。突然，他发现一只美丽的大蝴蝶，他想也没想，抄起捕虫网就追了过去。也不知道跑了多长时间，当小锐如愿以偿抓到那只大蝴蝶时，周围已经找不到一个同学了，也听不到一点儿同学们的谈笑声，甚至连那条森林中的小路也不知去向了。他迷路了。这时，他想起老师说过的话：在森林中迷路时，千万不要惊慌，一定要冷静。想到这，小锐做了几次深呼吸，平静了一下心情，开始为如何走出困境思索起来。不久，他就制订了一套方案：他先是回忆起自己离开队伍的时间，然后仔细观察附近的地形地貌，找到自己跑来时踩出的脚印，沿着脚印一步步慢慢地走，终于走回到来时的那条小路。沿着路没走多久，就听到了老师和同学们的呼喊声，小锐激动得都要哭了。他成功了！

◈【评析】◈本案也具有典型性。人多的地方，我们容易和家人、朋友走散，在野外人少的地方这样的风险同样

存在，而且在森林、大山中往往更容易迷路。近年来，亲近大自然的活动，不论是郊区游玩还是户外探险，都很受大家的欢迎。但是因此而走失的新闻也常见诸报端，其中还不乏经验丰富的"驴友"。在野外，既会发生像案例中这样因贪玩等原因而与其他人走散的情况，也会因野外的复杂地理、天气因素而导致受困、迷路等情形。因此，出行在外，既要提高安全意识，也要掌握一些必备的安全自救方法，以防万一。

❖【防范攻略】❖如果在森林或山上迷了路可以按以下方法去做：

第一，立即停下，回忆走过的道路，尽快确定方向。

第二，观察。看看四周的野草。刚走过的路，草会被踩倒且倒向某一方向。确定了来时的方向就有可能找到来时的路。

第三，到高处去。爬上最近的山脊，一来可以确定自己的位置，二来可以发现人活动的迹象。如果同行的人多的话，可以考虑把人员分成两组。一组留在原地山顶，另一组人则下山，向另一选好方向的山岗前进。下山的人要时常回头，征询山顶留守者对自己前进方向的意见。若偏离了正确方向，山顶的人要用声音或手势提醒他们纠正错误。当下山者登上另一个山岗时，他们再指挥原来留守山顶的人下山前进。这样，用"接力指挥"的方式交叉前进，就不会在山上原地打转了。

如果登山者只有自己，那么要辨别好方位再下山，要不断抬头看着自己原来选定好的目标山岗前进，只要沉着冷静地去想办法，就一定会走出大山，脱离险境的。

第四，寻找水流。在林区，道路和居民点常常临水而建，沿着水流的方向，就有可能找到人家，也容易走出去。

第五，在野外出行，不论是游玩还是户外探险，最谨慎的办法还是沿着旧路走，千万不要冒失地另辟新路探险。如果有意去走新路"探险"的话，一定要做好充分准备，出行前要告诉家人及朋友，要带足食品及饮水，并沿途做好醒目的路标，以备走不出去时原路退回。

第六，如果是参加像案例中这样的集体活动，注意跟着"大部队"行动，要听老师或者组织者的指挥，不要随便脱离团队。独自行动前，要告知老师或者组织者。

## （五）旅游途中多留神，单独活动要告知

❈【案例】❈一青年旅行途中与同伴走散，言语不通流落街头数日

藏族男子提布参加了一个40人的旅游团去成都游玩。在游玩青羊宫时，提布突然没了影，同行的人连夜寻找却一无所获，后向公安局报了警。提布不会使用汉语进行交流，身上也没有带身份信息证明的物品和移动电话，只带了几十元现金。

走失7天后，提布终于被找到了，原来，当日提布与

同行者游玩青羊宫时，独自去了厕所，回来时却发现同伴都不在了。因为没有手机无法联系，提布只好凭着自己的印象往车站附近走去，靠着好心人的接济坚持了7天，直到被民警找到。

◈【评析】◈跟团旅游途中和旅行团队走散，大多数都发生在自由活动期间。这个时间段，通常导游会让大家在特定的区域自己游玩，但必须在特定的时间回到集合地点。旅行者与团队走散，多是因为没有按时赶回集合地点，或者是记错了集合地点。大多数情况下，大家通过手机、电话等通信设备都可以及时联系到导游或者团队成员，但如果是本案主人公这样言语不通又无联系方式且不熟悉周边环境的情况下，就比较麻烦。万一遇到这样的情况，我们的建议是参考前文所述的走失后的自救方式，以走失的地点为中心等待或者求助，不要盲目地四处寻找。

◈【防范攻略】◈第一，在游览活动中，我们应留意导游每天通报的全天的游览日程、游览用餐点的名称和地址、在各个点的抵达时间和逗留时间。要听从导游的指挥，按时集合；在自由活动期间，最好有同伴同行；临时走开时，要告知同伴或者导游。

第二，在外出自由活动时，请先告知导游或领队，我们要去哪里，大概何时回来，最好带上饭店的店徽，记下饭店的地址和电话，一旦走失就可以与饭店和导游联系。

第三，每到一站一定要记下所住城市街道名、酒店地址、电话、领队或导游的房号、旅游车牌号、司机联系电话等。

# 二、防绑架

绑架，是指为达到敲诈、勒索或者其他条件或者目的，通过暴力、胁迫等手段劫持他人的犯罪行为。

**◈【案例一】◈一男孩在上学路上被"伏击"绑架**

13岁的小李是某小学六年级的学生，其父母开了一家咖啡店，每天工作繁忙无暇照顾小李。小李每天独自从家走路去学校。欧某经常在吃早点时看到小李一个人去上学，在小买卖经营失败、家中急需用钱时，欧某便萌发了向小李下黑手的念头。

一日早晨6时许，欧某伙同谢某埋伏在小李家的小区门口，趁周边没人，持刀将小李劫持到一辆电动三轮车上。谢某随后给小李的父亲打电话索要赎金，第一次接通电话后，向对方提出"你家孩子在我手上，给我68000元赎金"的要求，但小李的父亲以为是诈骗电话，骂了一句"你神经病"，立即将电话挂断，并未将此事放在心上。后来，谢某让小李亲口向父亲求助，其父才发现自己的孩子果然是被绑架了，并立即报警。警方当天立即布置警力，将两名嫌疑人抓获并解救了小李。

### ❖【案例二】❖ 少年助人为乐反遭绑架

14岁的衢州中学生小超一直是家长、老师眼中的好孩子，别人有需要的时候总是愿意相助，但有人却利用了他的善心。今年4月一个下着雨的清晨，小超在上学途中遇上了两个自称没有带伞的男子，小超好心帮助两人打伞，却被绑架。幸而在6个多小时后，警方将小超解救了出来。

### ❖【案例三】❖ 孩子露富遭绑架

一天早上，明明妈妈接到明明的电话，说话的却是个陌生的声音，对方称明明在他们手上，要想让明明回家就必须交付300万元赎金。明明妈妈赶紧报了警。明明妈妈与警方密切配合与绑匪周旋。在筹集了21万元赎金后，绑匪约定了交付赎金的地点，后来明明被成功解救。据匪绑交代，之所以绑架明明，除明明的父母有不错的生意之外，还在于才上3年级的明明平时总拿着一款价值数千元的手机。

❖【评析】❖ 这三个案例中的被害人的年纪相仿，这也是绑架案的一个特点。相较而言，十二三岁的孩子反抗能力较弱，极容易被哄骗和控制，也容易在遭受到恐吓后任其摆布，所以这个年龄段的孩子容易成为绑架者的目标。尽管绑架案多数都是为了求财，但是并不是只有富人家的孩子才会被作为绑架的目标，有些案例表明，绑架者也可能只为了蝇头小利就铤而走险。我们选择的两个案例都属于陌生人作案，在生活中也有些绑架案件是发生在熟人之间，而且在熟人作案的情形下，人质受到伤害的比例较高。老话说"财不外露"，有时候低调一些就更安全一些。此外，青少年出门在外，一定要有自我保护的意识。我们虽然不是告诫大家不要和陌生人说话，但要对陌生人提高警惕。就像案例二中小超的遭遇一样，有些不法之徒利用的就是我们的善良。

◈【防范攻略】◈第一，要有安全防范意识。不要在网络上随便贴图、晒"幸福"，不要向网友炫耀自己或家中如何有钱，更不要随便带陌生人到家中"参观"。

第二，中小学生外出要记住家庭住址、学校地址，父母工作单位的名称及家庭、学校电话号码。外出一定要跟家长、老师"请假"，告知所去方向及回归时间；到达目的地后，要及时与家长和学校取得联系，以便家长和学校随时掌握去向。

第三，不要轻信陌生人，如果有人突然出现，以"你家中出事了"或"你父母生病、出车祸"等为由，要我们离开学校或家中时，应首先设法与家人联系查证，并将此事告诉老师或邻居。

第四，不要请陌生人带路，不要随便与社会上不三不四或不认识的人交往，不要随便跟陌生人出去，不要跟不认识的网友见面，更不能食用陌生人给的饮料、糖果和其他小食品。

第五，青少年在势单力薄的情况下，要针对特定的环境采取相应的策略，有异样情况及时向家长、老师汇报。如果在途中发现有人盯梢跟踪，应设法将其甩掉并报警。对那些花言巧语或死磨硬缠的陌生人要坚决不予理睬；对那些敲诈或骚扰的人要口头警告；遇到在行人比较多的路段公然作恶的人，要大声呼救；对在偏僻路段、坏人又比较凶残的情况，要灵活机动，寻找一切机会摆脱对方，设法找警察求助或拨打110电话。

第六，注意把自己融入集体当中，学生往返学校途中，最好结伴而行。无论外出玩耍，还是上学，最好能和伙伴、同学同行，不走偏僻小路。上夜自习时最好由父母接送；外出时要告诉家长，并说明返家时间，不要随意在外逗留。

第七，当遭遇绑架时，要保持冷静与警觉，保持冷静才不致处于劣势。一旦被绑，应采取顺从的姿态，以降低绑匪的戒心，可适当告知绑匪自己的姓名、电话、地址等，但对于经济状况，应饰词搪塞。如果对方持有利器，先设法安抚攀谈，让他放下武器，避免受到身体伤害。衡量是否有能力逃跑，再运用随身携带物品自卫；若无充分把握，勿以言语或动作刺激绑匪。

第八，如果被蒙上眼睛，要尽量将听到的线索默记在心里，如犯罪分子的谈话内容、他们互相之间的称呼等，到达藏匿地点后，要尽量了解藏匿地点的环境特点，与犯罪分子周旋。伺机留下求救讯号和小标记，如私人物品、字条等，等待时机设法逃跑，脱身后立即打电话向家人、亲友或公安机关求助。

父母和学校应加强对孩子的安全教育，提醒孩子防备陌生人，遇到困难，应找警察或拨打110电话，教其学会一些紧急避险的方法。父母不要随便把有"劣迹"的亲朋带回家中做客。如这类人主动上门，一是缩短接待时间，二是尽量让孩子回避。对于商业上的合作伙伴，一般不带回家中洽谈生意或就餐，以防来日因生意场上"翻脸"而殃及子女。发现孩子被拐骗或被绑架后，应主动向公安机关提供已知情况，不可抱侥幸心理与犯罪分子"私了"，或惧怕"撕票"而不敢报案，应尽速报警。报案动作应尽可能保持隐秘，维持正常生活作息，减少知悉内情者至最小范围（以防有亲人或熟人涉案）；对绑匪遗留在现场的痕迹证物，均应妥善保存并交给警方处理，帮助尽快破案。

# 三、防拐骗

### ◈【案例一】◈飞车抢夺儿童

某日下午 3 时 40 分左右，某市发生一起抢夺儿童的案件。7 岁的黄某某被一名男子抢走，该男子后坐上另外一名男子驾驶的一辆红色铃木王型摩托车逃逸。

### ◈【案例二】◈老太用亲孙子做诱饵拐骗儿童

一天，奶奶带着 5 岁的小君在广场上玩耍。后来遇到一个 50 多岁的红衣妇女和小君奶奶搭讪，她说自己是带着外孙出来玩的，并且主动送给小君玩具。两个孩子玩到了一起，两个大人也站在边上聊了起来。后来，小君奶奶临时有事离开了一会儿。等她回来后，发现小君和该女子都不见了。小君奶奶报了警。警方调取了附近的监控视频，发现在小君奶奶离开后，小君和该红衣妇女的外孙又玩了一会儿，当周围无人关注时，该女子带走了两个孩子。嫌疑人锁定了。但该女子的反侦查能力非常强，一路上并没有直接打车回家，而是先打车后打摩的到达某大市场后，选择走路，由于大市场内每一个路口都有好几条马路，大多数路段并没有监控。为此，警方只能调取大量的社会探头，挨个查找。通过侦查，警方确定了该女子的身份，并找到了她的落脚点，最终将试图出卖小君的该女子抓获，小君被及时解救。据该女子交代，她因嗜赌成性负债累累，当天她主动与小君的奶奶搭讪，就是想伺机拐走小君。

### ◈【案例三】◈少女诱拐少女只因来钱快

小波从小学习成绩十分优秀，她的家庭并不富裕，但她懂得处处为爸妈着想，从来不过多地奢求什么。3年级的时候，家里添置了电脑，小波也在网络上了解了很多娱乐信息，特别是流行新闻。初一时，她开始迷恋上一些名牌的衣服以及并不适合她年龄的化妆品。小波开始向妈妈索要名牌衣服，而妈妈也是尽量地满足她。从此以后，小波的要求接二连三，妈妈也是尽量满足。可小波始终不满足于100多块钱一件的衣服，而且开始和一些不三不四的社会青年混在一起。

在一次QQ聊天中，小波了解到拐卖少女和贩毒这两个方法来钱很快。而当时她已经成了一个不折不扣的社会少女，并且认识很多女孩，所以她就找人给介绍了一些人，通过强行、利诱等方法把还处在花季中的少女骗到迪厅、酒吧中，而她每次都能收获一两千元不等。她拿到钱之后，第一时间就是去买很多衣服，这些衣服都在500元以上。前前后后小波大概骗了30个女孩。等待小波的将是法律的制裁。

### ◈【案例四】◈轻信网友介绍工作，远赴西藏被拐卖

成都某县某中学先后有4名在校女生失踪。警方经过调查获悉，4名学生失踪前曾经对同学讲，她们经网友介绍要去西藏打工。几天后，其中一名失踪女生琳琳的朋友打

电话报警称，琳琳用手机发信息给他，短信内容为："快来救我，我现在在拉萨。"成都警方迅速与拉萨警方取得联系。拉萨警方说，琳琳和彤彤到拉萨后，感觉情形有异，以上厕所为由逃脱，并在当地群众的帮助下到公安机关报案。由于还有另外两名学生下落不明，成都警方立即赶赴拉萨展开救援工作。4天后，在当地警方的帮助下，另两名被拐女生获救，犯罪嫌疑人被抓获。

◎【评析】◎ 在青少年被拐骗的案件中，犯罪分子主要采取以下手段：一是哄骗、诱骗。案犯一般是先找准目标，通过一段时间观察，确定孩子单独无助之后，然后再跟其接触，以安排游玩、帮助安排住宿或找工作等名义哄骗，得到对方信任后伺机将其带走，并乘交通工具离开。二是骗取家长的信任，趁其不备将孩子骗走。此类犯罪嫌疑人通常是有预谋地租一间房，再找机会接近房东或邻居，跟其聊天、"认识"，充当热心人，待取得信任后，趁房东或邻居防范意识减弱时伺机作案。一旦发生此类"熟人"拐骗，家长也只是知道案犯的性别、样貌和口音，其他可提供的情况几乎为零。

随着形势的变化，拐卖未成年人的现象与过去有所不同。以前的人贩子只会诱拐，现在则是偷盗、绑架、麻醉、抢夺等手段层出不穷。有的人贩子还训练自家的孩子，用溜溜球或别的玩具将其他小孩子诱骗到偏僻的地方，再由成年人用摩托车迅速带离现场。也有的人贩子假扮成保姆，找到雇主后，伺机偷走雇主的小孩。

另外，目前利用 QQ、微信等网络工具拐骗少女的发案率逐年上升，占比达 60%。这些案件的受害者多数集中在十几岁的女孩子当中，都是先通过网络认识，然后见面，再拐到外地卖淫。对此，年轻女孩子交友要谨慎，不要轻信陌生人的花言巧语，更不能随意跟陌生人见面，一旦进入圈套，很难自救。如果遭遇了拐骗，被控制了人身自由，一定要保持镇静，设法了解买主或所处场所的真实地址及基本情况，伺机报警或求援。

◈【防范攻略】◈首先，对于小一点的孩子，家长要有足够的警惕性和安全意识，并且要注意培养孩子的自我保护意识。要让孩子牢记家长的姓名、工作单位、电话号码和家庭住址，并教会他们怎样打电话；告诉孩子不要接受任何陌生人给的东西，更不要答应他们的任何邀请；与孩子一道出门购物、游玩时，告诉他失散了怎么办，教孩子去找商店店员或警察叔叔求助；教育孩子，在没有征得家长同意之前，不跟他人出门；告诉孩子，如果陌生人告诉他说家中某人受了伤，要把孩子带到伤者所在的地方，这多半不是真的，应该拒绝；给孩子讲清什么是陌生人，例如，孩子尽管可能在别人家中见过此人，但这个人仍然是陌生人；保留孩子最近的照片，记住孩子每天的穿着，一旦孩子失踪，在报案时或刊登寻人启事时，能够叙述清楚；告诉孩子，如果放学后临时有事，一定要先打电话或用其他方式通知家长；与孩子所在学校的老师约定好，除了家长本人和指定的人外，不让其他人接送孩子。教导孩子，即使要玩也不能走出小区，或者不能离家里范围太远，切记不能跟不认识的小孩到其他地方玩。对于来路不明的"老乡"与邻居，家长不要轻易信任，不要将小孩单独托付给他们照顾，更不要在家里人不多的时候让刚认识的人进屋。家长聘请保姆，应当到正规的保姆介绍所，并保留好后者的身份证复印件和清晰生活近照，证实其家庭电话、地址、家人等信息有效可靠。另外，对外来务工人员来说，居住在城郊接合部等流动人员较密集的地方，孩子没有固定人员看管，更要提高防范意识。不要让孩子离开家长视线，不要带孩子到偏僻人少的地方，经过马路时，尽量靠里走，注意防范后面来的车辆。

其次，"大孩子"也要注意以下几点：

第一，不要向陌生人介绍自己的家庭、亲属和个人爱好等个人信息；不要轻信网络聊天认识的网友，不要擅自与网友会面。

第二，外出期间，把自己的所在地址和联系方式及时告诉家人和朋友，让他们知道自己的去向。在外出途中，一旦遇到危险，及时向公安民警和周围群众求助。

第三，外出找工作，要到正规中介机构，通过合法的途径，或通过信得过的亲戚、朋友介绍。不要盲目外出打工，不要轻信非法小报和随处张贴的招聘广告；如确定要外出打工，最好结伴而行；不要轻信以介绍工作、帮忙找住宿或代替亲友接站等理由，跟随不熟悉的人到陌生地方。

第四，遇到汽车站、火车站及其他场所的拉客行为，应坚决拒绝；保管好自己的身份证件、外出证明及其他重要文件，不要把原件随便给任何人，包括雇主。

第五，假如发现受骗，应立即向人多的地方靠近，并大呼求救；如第一步失败，要保持镇静，假装害怕或答应，设法了解买主或所处场所的真实地址（省、市、县、乡镇、村、组）及其基本情况；注意观察犯罪分子的人数、交谈内容，从中摸清犯罪分子的意图。要想方设法，寻找借口逃跑，如上厕所、装病。不要与犯罪分子当面顶撞，以免受皮肉之苦。一旦被软禁，要装作很顺从的样子来麻痹对方，使犯罪分子放松警惕。寻找与外界接触的机会，采取写纸条或扔东西等方式，与外界取得联系。纸条上可以写"我被坏人关在××地方，请报警"。

# 交通安全防范篇

　　据数据统计显示，交通事故已成为目前青少年意外伤害的第一大因素，而事故的大部分原因是由于青少年对交通安全知识、道路交通法律法规知之甚少，缺乏自我防范意识和自我保护意识，甚至因此酿成惨剧。因此，要保障青少年的出行安全，实现未来和谐有序的交通社会，都必须从交通安全教育开始。

# 一、乘坐私家车出行的安全防范

随着汽车走入家庭和消费者购车观念的成熟，青少年的乘车安全受到了人们越来越多的关注。根据世界卫生组织统计，每年有 18 万以上的 15 岁以下儿童死于道路交通事故，数十万的儿童致残。在所有死因当中，交通事故对 5—14 岁儿童的致死率已经排在各种死因中的第二位。因此，有必要加强青少年和家长的乘车安全教育。

◈【案例一】◈**父亲车内与朋友聊天，女儿被天窗夹死**

10 月 19 日，四川省江油市发生了一起"父亲车内与朋友聊天，10 岁女儿被天窗夹死"的事故。案发当时，孩子的父亲与朋友在驾驶室聊天，孩子站在驾驶座与副驾驶座之间的储物格上把玩天窗，由于女儿平时也经常喜欢把天窗打开伸头出去玩，所以对于孩子的举动，这位父亲也没有太在意。约 5 分钟后，待父亲与朋友聊完天回过头时，才发现孩子的头已经被天窗卡住，后孩子经抢救无效死亡。

◈【案例二】◈**女孩被锁车内 9 小时闷死**

2013 年 9 月 11 日下午，11 岁的小霖被爸爸遗忘在车内 9 小时闷死。事发当天早上，爸爸开车接小霖回家。通常到家后在进入车库之前，小霖都会自己下车先行回家做作业。

当天到家后，小霖爸爸接到一个朋友晚上请喝酒的电话，随后他锁好车就去家附近的酒店赴约了。等他喝酒回来，妈妈问小霖怎么没有和他回家，爸爸急了四处寻找，而此时的小霖已经因高温被闷死在车库的车内。原来放学回家的路上，小霖在车上睡着了，粗心的爸爸没注意到这点，还以为小霖仍和往常一样自己下车了，结果酿成了惨剧。

### ◈【案例三】◈粗心父母把孩子落在高速路

4月30日，重庆的汪先生一家在从北海旅游回南宁的路上，汪先生与妻子换驾时，8岁的儿子下车小便，汪先生和妻子都没有发现孩子下了车，交换了位置后就继续出发了。开了几分钟后，汪先生才发现儿子不在车上。由于当时车流量很大，又不能调头逆行，汪先生只能硬着头皮往前开，想等到下一个出口再返回，不料情急中误把另一条高速当作出口，将车开上去才发现没有出口，焦急的夫妻俩只好报警求助。小男孩被找到时已经冒雨步行了好几公里，他很镇定，说打算走到服务区再找电话打给妈妈。上了警车后，男孩打电话跟爸妈报了平安。随后，民警约定汪先生在服务区等待。

◈【评析】◈上述案例只是展示了我们在乘坐汽车时可能发生的一些意外。家长切勿抱有"自己只是短暂地离开一下，不会有什么事情发生"，或让孩子在车内睡一会的心态，而将孩子单独锁在车内睡觉。很多时候，一些意外就发生在你一个自以为的"不可能"当中，而这样的事情一旦发生，就有可能无法挽回。美国的一些州已经有明文规定，不许把 17 岁以下的未成年人单独留在车里；父母如果触犯这条法规，可能被关入监狱，或者失去监护权。同时，在乘坐汽车时，我们也要注意不在车上睡觉，一是避免因为急刹车等引起损伤，二是避免发生类似案例的意外。

❀【防范攻略】❀第一，搭乘私家车尽量坐后排座位，不能坐前排副驾驶座。汽车副驾驶座是最危险的位置，相对于前排座位，后座才是比较安全的地方。一旦发生车祸，副驾驶座的安全气囊很快就会自动打开，青少年个子小，气囊弹开时，会弹在青少年的头部、脖子或者前胸，巨大的冲击力会对青少年造成严重的伤害。另外，坐在副驾驶座，发生撞击时，青少年容易飞出去。而副驾驶座位的安全带是为成年人设计的`，不适合青少年，发生事故时可能起不到保护作用。所以，我们在乘坐汽车时，应优先选择后排位置，并系好安全带。未满 12 周岁的儿童严禁坐在副驾驶座上。

第二，儿童乘车出行时，一定要配置儿童安全座椅。因为孩子天性好动，儿童安全座椅可以在车辆行驶的过程中将孩子的活动范围限制住，以免在急刹车或者路面颠簸时出现意外。另外，家长也绝对不能抱着孩子坐在副驾驶位。

第三，养成良好的乘车习惯，系好安全带、不要在车内打闹和吃东西。在车辆行驶中打闹可能在无意中触及车辆装置，比如车窗车门，非常危险；而且也容易让驾驶人员分心，影响行驶安全。而在车内吃东西，一旦车辆颠簸，特别是遇到突发情况急刹车时，容易发生食物哽住气道或食道的情况。上下车时应该和开车的大人打个招呼，比如上车坐好后说一声"我坐好了"，以防出现案例三中的情况。

第四，不要把身体探出车外。车辆行驶中，如果将身体探出车外，既会妨碍驾驶人员观察路况，更可能造成身体伤害，比如被路上的物体或者旁边驶过的车辆剐蹭，甚至危及生命。此外，也不要在行驶中从天窗探出身体，以防车窗自动关闭被夹伤或者发生案例一中的情形。

第五，注意车辆停稳后再下车，尽量从右侧下车，下车时注意观察道路情况，小心后方来人和车辆。

第六，在任何情况下，家长都不要把孩子单独留在车里，以免发生案例二中的悲剧。

# 二、乘坐出租车出行的安全防范

　　出租车是城市常见的交通工具，极大地方便了我们的生活。绝大多数时候我们乘坐出租车还是可以放心的，但是也要具备防备之心，尤其是青少年，乘坐出租车除了要注意前述乘坐私家车的安全事项外，还要注意：首先，不要图方便或便宜而乘坐非正规的出租车。非正规的出租车司机可能连驾照都没有。其次，上车前要记住车牌号码，可以拍照。万一下车后忘记拿东西，这时候可以通过车牌号到出租车公司等查找司机信息，然后找回丢失的东西。再次，记得打表和索要发票。乘坐出租车应要求司机打表，以防一些出租车司机欺生漫天要价，其实花费不了那么多。再次，尽量不要坐副驾驶位置。副驾驶位只有一侧可以下车，坐到后排，假如遇到特殊的情况，起码多一个下车的机会，而且司机也不容易靠近。发现行驶方向不准确要及时交涉。发现司机走的路线不对时，先提醒他，看他怎么解释。司机听错了就罢了，若还是按照错误方向走，就要趁机下车。若只是多走了冤枉路，可以向出租车公司反映。晚上坐出租车要当心安全，坐车前查看其车牌信息，上车前或上车后，要及时将坐车时间、地点、车牌号等信息告诉家人朋友，以防万一。最后，不要向司机透露自己的信息。在车站等地方，不要乘坐等候拉客、主动召唤我们的司机的车，要到正规出租车上下点乘坐。上车后，司机可能问我们一些住哪儿、干什么的等等个人信息，这时候千万不要透露给他，实在不行就下车。

◈【案例一】◈ "黑出租"风险高，遇车祸难获赔

5 名学生为省钱而乘坐一辆"黑出租车"出行，结果发生了车祸，几个人有不同程度的损伤，但因该车未缴纳相关的保险金而无法及时获得赔偿。

◈【评析】◈我们经常听到交警提示我们，不要乘坐"黑出租""黑摩的"。除了价格不明确外，"黑出租"到底"黑"在哪里呢？根据我国相关规定，"黑出租"存在以下问题：其一，"黑出租"没有合法的营运资格，其自行营运属于国家政策法规明令禁止的行为。其二，"黑出租"大部分未能足额缴纳保险金，而且没有监管企业和提供服务的企业，没有重大民事赔偿能力，一旦发生交通事故或者其他意外，乘客的合法权益得不到保障。其三，相较于正规的出租车来说，驾驶员没有经过从业资格培训，有些车辆还可能是报废车，乘坐这样的车辆人身安全缺乏保障。加之"黑出租"无规范的价格标准，敲诈勒索事件也时有发生，综合安全系数较低。

◈【防范攻略】◈青少年乘坐出租车，除注意前述乘坐私家车的安全事项外，还要注意：第一，在出行需要打车时，一定要选择正规的出租车，正规的出租车通常都有明

显的统一的标志，不要为了省钱、省事而乘坐揽客的"黑车"。上车后，应要求司机打表，以防一些出租车司机"欺生"漫天要价。

第二，打车时应到主路上打行驶中的空车。打车的时候，不要贪近怕远，如果出发的地方不临街，最好走到主路上来打车，有不良企图的人一般不敢在如此"光天化日"之下行动；此外，尽量打行驶中的空车，不要打停在路边的空车，避免遇到借出租车蹲点的不法分子。

第三，打车时，应在路边伸手示意，切不可站在车行道上拦截，要在出租车站或者出租车可以停车的地方上下车。一般在上车后再告诉司机前往的地址，这既可防止司机拒载，又不会因为站在车外对话而发生意外。

第四，打车时，不能见空车就上，最好观察一下车和司机，选择面善和蔼的司机和证件齐全的出租车。女生晚上打车时，尽量选择女司机，并避免和陌生人拼车。

第五，使用打车软件叫车后，如果应单的车辆属于女生款或车的颜色是女性喜欢的颜色，而司机是男性的，尽量不要乘坐。一人在外地打车时，尽量在后排司机背后的座位落座。

### ❖【案例二】❖行李丢在出租车上，凭发票信息找回

晓东和妈妈一起乘坐出租车出行，下车时将行李箱忘在了出租车的后备箱。晓东和妈妈都没记住出租车的车牌号和出租车公司。正在着急时，晓东想到了乘车发票，提醒妈妈"有没有用"。妈妈拨通了交通服务热线电话，对方

根据晓东妈妈提供的发票确定了该发票属于某出租汽车公司，而后该出租车公司通过发票上的存根号码确定了提供该发票的出租车。工作人员通过电话联系上了该车驾驶员，驾驶员在检查后发现确实有只行李箱在车后备箱，并将该行李箱送到了晓东母子手里。

◈【评析】◈相信很多人打车都不会主动索要发票，本案例告诉我们，尽管出租车发票不能"刮奖"，但是在关键时刻是重要的凭证。各省市的出租车发票样式并不统一，大致分为定额发票和机打出租车发票。定额发票一般包含票面金额、发票所属地区、出租车单位发票专用章等信息。机打车票现在较为常见，其所含的信息较多，主要有出租车公司编号、电话、出租车牌号、日期、上下车时间、单价、里程、金额等。一旦出现像本案例这样的遗失事件或者投诉事件时，我们就能根据发票上的信息准确定位出租车。此外，很多省市的出租车配备了车载服务系统，其中的 GPS 定位功能也能帮助确定出租车的位置。当然，出门在外，最好的办法还是自己多留心。

◈【防范攻略】◈外出打车时，我们还要注意以下事项：

第一，上车前，请留意车牌和出租车所属的公司。车牌为首要信息，无论服务质量投诉还是失物寻找都至关重要。

第二，上车后，从副驾驶位上的上岗证了解车牌、公司以及司机姓名等信息。手机和文件袋在"出租车失物排行榜"上高居首位，因此，在乘坐出租车时，请尽量不要把手机放在衣服口袋里，文件袋也不要离身。自己独自打车特别是在晚上打车时，要注意记下车牌号，不必遮遮掩掩，大大方方地在上车后给家里人打个电话，告诉他们车牌号，方便的话出来接一下。这样，司机即使有些想法，听到我们这么说，就不敢铤而走险了。

第三，下车付费后索要出租车发票，观察座位上、座位缝隙以及后车窗处有无物品遗漏，确认一遍手机等贵重物品。此外，后备箱的物品也容易被忘记，因此下车前务必确认是否有东西放在后备箱。

第四，下车后，在后备箱取出物品，检查是否有物品由于车辆行驶晃到了不显眼的地方，最后再留意一遍车牌信息。

第五，如果既没有记住车牌号又没有索要出租车发票，在发现有物品遗失在出租车上后，应在下车点向属地派出所报案，寻求帮助。

### ❖【案例三】❖女生单独打车须谨慎

16岁的小小独自打车回家时遭遇司机的"咸猪手"。在一个路口换挡时，司机竟然腾出右手摸向坐在副驾驶座位上的小小的腿，小小吓得贴到了车门上，但是由于该车隔离防护栏下部有五六厘米的松动，该司机仍多次伸手过来，小小很害怕，一到家就告诉了父母，父母立即报警。后来，该出租车司机被警方抓获，在其抵赖未对小小有过猥亵行为时，小小提供了该司机手背上有道伤疤的线索，警方通过查看沿路相关视频证据，勘查了出租车隔离防护栏下部的松动情况，开展了手部特征辨别实验及微量物证收集等工作，在完整的证据面前，该司机最终承认对小小有过猥亵行为。

❖【评析】❖相比而言，针对女性的犯罪中偶发性犯罪的比例较高，比如在行车过程中因言语矛盾、露富或者是穿着暴露等而引发司机临时萌生歹意，但也不排除像本案这样的蓄意行为。为了安全起见，建议女生尽量不要单独打车去偏远的地方，尤其是在夜间。一旦发生意外，要及时告知父母或者直接报警。

❖【防范攻略】❖打车出行，我们要做个有心的乘客，毕竟多一点安全意识有益无害。

第一，上车后坐在后排左边位置，不要坐在副驾驶位。首先，万一发生交通事故，后排左边位置（司机后面的位置）相比副驾驶和后排右边的位置要安全许多；其次，在这个位置，司机如果产生歹念，发动袭击最不方便，而副驾驶位只有一侧可以下车，如果遇到意外没有周旋的余地。

第二，随时注意行车路线，发现车辆行驶的方向不对时，要提出来，如果司机仍旧朝着错误的方向开，那就要想办法让他靠边停车；如果其仍不停车，就悄悄放下车窗，在等红绿灯停车时，向外呼救。

第三，在车上发觉气氛不对或司机异常时，立即打电话给朋友或家人，交谈中透露出你的行踪。打不通对方电话，也要假装在通话，让司机感觉有人在等你。遇到司机敲诈时，给钱下车，可少许讨价，但不要用言语激怒他，不要说你是坏人、你不要脸、我记住你了之类的话，先保证人身安全，下车后再报警。

第四，不露财，不高调，不要泄露自己的信息。

第五，留意司机的个人信息，包括姓名以及相貌、身体特征。

第六，下车地点要选择离目的地近且明亮的地方。

# 三、乘坐公共汽车出行的安全防范

◈【案例一】◈"挤"公交，人上车了但书包夹住了

小李每天都乘坐 10 路公交车上下学。这天他出门有些晚了，快到车站的时候看到 10 路车已经进站了，小李一路疾跑，跑到车跟前时，后门正要关闭，小李一个箭步挤进了车门，就听车门在身后咣当一声关上又开了，原来是小李人虽然挤进来了，书包却被车门夹住了。

◈【评析】◈对于乘坐公交车，大家可能不陌生，像小李这样"挤"公交车的青少年也不少见，有些是被夹到书包，有些则是被夹到胳膊甚至脑袋。这样的伤害其实是可以避免的，关键就是要有安全意识，文明乘车。

◈【防范攻略】◈第一，乘坐公共汽车应在站台或指定地点候车，上车前先看清公共汽车是哪一路，避免慌忙上车搭错车；不要在车行道上候车或拦车。待车进站停稳后，先下后上，依次登乘，不要强行上下车。上车时以及车上人多时，应将背包置于胸前，一是以免书包被挤掉或被车门夹住；二是以免背包或者书包的体积影响后面乘客的通行。

第二，乘坐无人售票公共汽车应遵守"前门上车，后

门下车"的规定。老、幼、病、残、孕妇及怀抱婴儿者应优先上车，遇到这些乘客，我们应主动让座。要爱惜公交车内的设施，不要用笔乱涂乱抹，更不要用尖锐的东西乱刻乱画。

第三，上车后不要挤在车门边，往里面走，见空处站稳，并抓住扶手，切勿将身体的任何部位伸出车外；切勿躺卧、占据和蹬踏座位；切勿打闹、斗殴；切勿自行开关车门；切勿损坏车辆设备、公共设施；避免发生其他妨碍行驶、停靠和乘客安全的行为。

第四，车辆运行中，切勿进入驾驶区域和其他有碍安全的区域，切勿与驾驶员闲谈。遵守乘车要求，例如不在车内饮食；疫情期间佩戴口罩，保持应急车窗打开；切勿向车内外吐痰、乱扔杂物；切勿携带有碍安全或卫生的宠物上车。

第五，乘车时，应妥善放置和保管携带的物品，以免妨碍其他乘客。严禁携带易燃、易爆、有毒等危险品以及有碍乘客安全和健康的物品乘车。

第六，遇到不法行为时，可大声呵斥或告知驾驶员和周围乘客，必要时报警。车辆快到站时，要提前做好下车准备；车辆发生事故时，不要惊慌，听从驾驶员的指挥，有序离开车厢。

第七，下车时不要着急，要带好自己的随身物品，等车停稳后按顺序下车。在走出车门前，要仔细看看左右是否有通行的车辆，千万不能急冲猛跑，以免被两边的车撞倒。下车后应马上进入人行道内行走，没有人行道的靠路边行走；下车后不要急于从自己所乘车辆的前面或后面穿越横过马路，要依照红绿灯走斑马线过马路。有人行过街天桥或地下通道的，应走人行过街天桥或地下通道。

◈【案例二】◈抢方向盘，危及公共安全犯法

在某路公交车行驶途中，乘客张某某因下车问题，与公交车司机发生口角并捶打司机、干扰驾驶。同车乘客曾上前劝阻，张某某一度离开。不一会儿，张某某又重新返回，试图通过牵制公交车方向盘的方式迫使司机停车，其行为导致公交车偏离行驶路线，冲上路肩。后张某某以妨害安全驾驶罪被提起公诉。

◈【评析】◈近两年，乘客与公交车司机发生冲突后殴打司机、抢夺方向盘的极端事件屡见报端，有些甚至造成多名人员伤亡。事件的起因，有的是因为乘客醉酒闹事，有的是乘客因错过下车时机、过站后要求下车或者车辆未进站着急下车被拒。公交车到站才能停车，这是最基本的运营规则，也是为了保证乘客和道路上其他车辆、人员的安全。

在公共汽车行驶途中侵扰司机，和司机发生争执，甚至撕扯、殴打，影响行车安全的，要承担相应的法律责任，比如治安管理处罚，情节严重的，要被追究刑事责任。案例中的张某某就被以妨害安全驾驶罪提起诉讼。司机也是一样的，如果在驾驶公共汽车的过程中，与乘客互殴，危及公共安全的，也要依法承担刑事责任。

妨害安全驾驶罪，是 2020 年《刑法修正案（十一）》增加的罪名，针对的就是本案例中的行为，具体规定是："对行驶中的公共交通工具的驾驶人员使用暴力或者抢控驾驶操纵装置，干扰公共交通工具正常行驶，危及公共安全的，处一年以下有期徒刑、拘役或者管制，并处或者单处罚金。前款规定的驾驶人员在行驶的公共交通工具上擅离职守，与他人互殴或者殴打他人，危及公共安全的，依照前款的规定处罚。有前两款行为，同时构成其他犯罪的，依照处罚较重的规定定罪处罚。"

作为乘客，我们要将安全意识放在第一位，遵守公共秩序，做到安全文明出行。

# 四、乘坐地铁出行的安全防范

### ◈【案例一】◈手扶电梯失控多人受伤

前几年，北京地铁 4 号线动物园站 A 口手扶电梯发生溜梯故障，上行扶梯突然失控变为下行，导致扶梯上的数十名地铁乘客从高处摔下。事故造成一名 13 岁男童死亡，3 人重伤，另有 27 人轻伤。北京市质监局公布了初步调查结果，事故的直接原因是"由于奥的斯电梯固定零件损坏，扶梯驱动主机发生位移，造成驱动链条脱落，扶梯下滑"。

### ◈【案例二】◈手扶电梯出现异常，乘客逆行回跑受伤

据新闻报道，北京市东单地铁站 5 号线换乘 1 号线通道内，载着数百名乘客的水平手扶电梯突然发出异常响声，乘客纷纷逆向回跑。这一突发情况导致部分乘客摔倒，至少造成 11 人受伤。北京西站也曾发生一手扶电梯在运行中突然逆行的情况，正在扶梯上的一个旅行团中的 10 余位老人因此摔倒，导致 4 位老人受伤，其中一原本骨裂的老人被压致骨折。

◈【评析】◈这两个案例中导致事故的元凶是发生故障的电梯。在案例一发生后，对于包括手扶电梯在内的电梯的安全检修引起了人们的广泛重视。尽管此类的事件不可

预测，但我们也没有必要因噎废食。出行时，我们要安全搭乘，尽量避免危险的发生。

◈【防范攻略】◈第一，紧握扶手，面向前方，靠右站稳，双脚应稳站在梯级内，切勿将脚踏出梯级边沿。千万不要倚靠在扶梯两边或倚在扶手上，不能蹲、坐在梯级上，不要在扶梯上随意行走或奔跑、嬉戏。

第二，如果鞋带较长或裙摆、衣服下摆较长，要注意与电扶梯边缘缝隙保持距离，以免细小部件被卷入扶梯缝隙，发生危险。

第三，不要携带大件物品乘坐扶梯，携带大件物品时应尽量使用升降梯，或者寻求车站人员帮助。

第四，到达后，及时踏出扶梯，勿在出入口逗留。

第五，发现前方有人不慎摔倒要大声呼救，同时请靠近扶梯急停按钮的乘客按下按钮（位于扶梯上部、下部及中部），告知后面的人不要向前靠近。

第六，当扶梯出现急停或上下反转时，要保持冷静，紧握扶手，站稳不倒下。当前面的乘客倒下时，可一手握扶手，一手顶着对方使其不倒下，当扶梯滚动到扶梯口时，找好时机跳下扶梯，并迅速撤离，不阻挡其他乘客撤离。

第七，青少年应学会如何在危险来临时最大限度地保护自己。如果不慎在扶梯上摔倒，应两手十指交叉相扣、护住后脑和颈部，两肘向前，护住双侧太阳穴。因为滑倒或从高处跌落时，如果颈部受到强烈撞击损伤神经，轻者易致瘫痪，重者危及生命。在摔倒时切勿过于慌乱而不加任何保护姿势任由身体滚落。

❖【案例三】❖**乘客擅入地铁轨道被拘留**

在某地铁站内，一名男子在距列车进站仅有 2 分钟的时候，擅自进入轨道捡东西。站台值勤人员发现后上前劝阻，该名男子不但不予理睬，还态度恶劣地站在轨道中间不愿意上来。无奈之下，值勤人员只好启动紧急制动闸，15 列列车全线停运，所有班次晚点 2 分钟。事后，地铁公安分局以扰乱社会秩序对该男子处以 5 天拘留和 200 元罚款。

❖【案例四】❖**乘客挤地铁被夹身亡**

前几年有一则报道称，上海地铁一号线站台上，一名男乘客上车时未能挤进车厢，被夹在屏蔽门和已开动的列车之间，坠落隧道当场死亡。

❖【评析】❖这两个案例完全属于"人祸"，主要是乘客自己不遵守乘车秩序所致。在搭乘地铁的时候，我们都会看到关于不要擅自进入地铁轨道的提示，耳边也不时响起"关门铃响请勿抢上抢下"的警示，但仍旧有人不管不顾。

东西掉落想捡回来无可厚非，但没有比生命更珍贵的东西。每列地铁之间的时间间隔只有几分钟，时速极快，进入轨道还有高压触电的危险，不仅威胁到个人生命安全，而且会影响地铁正常的运营秩序。在遇到东西掉落的情况时，应向地铁工作人员求助，而不是像案例三中的乘客那样肆意行为。

我们在乘坐地铁赶时间时可能都有过在最后一秒"闪"进车厢的经历。有惊无险是我们运气好，但该行为的危险系数非常高。另一种可能是，当我们往里冲的时候看到屏蔽门没有完全关，但在刚好进了屏蔽门的时候车门就已经关上了，由于地铁与屏蔽门之间约距28厘米，而屏蔽门底部10厘米的高处被设计成了与地面呈45度倾斜的结构，使人基本无法站稳，所以一旦地铁正常启动就会发生案例四中的惨剧。

搭乘地铁还可能遇到其他意外和危险，我们将在防范攻略部分给出相应的提示，供大家参考。

◈【防范攻略】◈第一，文明有序乘坐地铁。首先，乘坐地铁进出站时，不要跟在其他人身后投机过闸，因为闸机判断行人通过后就会关闭，"蹭过"时极易被闸门夹伤。灯闪、铃响时不要上下车。先下后上，不要推挤。其次，上下车时要留意列车与站台之间的空隙及高度落差，大步跨出车门，按照站台箭头指示快速离开车门区，以免发生意外。再次，乘坐地铁时要注意列车行驶方向，以免乘错车。按照站台地面指示站位，并在黄线之外候车，按箭头方向排队候车，切勿站在出门位置、脚踏黄线或在黄线之内，或手扶屏蔽门，或阻挡屏蔽门关闭或掰开屏蔽门。最后，不要将手提袋、背包或其他个人物品接近正在关闭的车门，以免发生危险。

第二，如果有物品掉落到轨道，应该立刻告诉工作人员。通常，如果是运营低峰时段，掉落物品完整并且能目测到，工作人员会询问上级运营部门，在确保安全的情况下用特质的夹物钳将物品夹起；如果是在高峰时段，工作人员则会留下乘客的联系方式，在低峰时段或是运营结束后帮助捡取，并会及时联系失主。

第三，列车在运行过程中出行暂时停靠等情况或者出轨等事故时，应冷静面对，停留在原地听从列车乘务员广播的指挥行动。年幼的儿童在发生列车事故时候，应跟随在父母身边，切勿单独行动，以防被慌乱的人群推挤以致受伤。如遇紧急情况，我们可以按下紧急停车按钮并通知工作人员。

第四，发生事故时，不要慌不择路，要看清轨道内的应急疏散平台。当列车发生意外事件时，青少年由于体型和体力不及成人，如果跟随周边乘客盲目跑动，人身或将受到伤害，建议大家乘坐地铁遇到突发情况时，选择列车相对安全的区域站稳，冷静观察再作判断。遇到紧急情况时，应在工作人员的指挥下进行自救。

第五，在地铁上遇到着火，首先按动地铁车厢的紧急报警装置及时报告。听从地铁工作人员的疏散指示行动。千万不要有拉门、砸窗跳车等危险行为。不要因为顾及贵重物品而浪费宝贵的逃生时间。

在车站内发现着火，首先要利用车站站台墙上的"火警手动报警器"或直接报告地铁车站工作人员。在有浓烟的情况下，捂住口鼻贴近地面逃离。要注意朝明亮处，迎着新鲜空气跑。遇火灾不可乘坐车站的电梯或扶梯。

第六，站台突然停电，很可能是该站的照明设备出现了故障，在等待工作人员进行广播和疏散前，应原地等候。如果是列车在运行时停电，千万不可扒门离开车厢进入隧道。即使全部停电后，列车上还可维持45分钟到1小时的应急通风。

第七，如果在车厢内发现不明包裹，在未确定其危险性时，最好远离该包裹。

第八，万一掉下站台，最有效的方法是立即紧贴非接触轨侧墙壁，注意使身体尽量紧贴墙壁以免列车刮到身体或衣物。看到列车已经驶来，切不可就地趴在两条铁轨之间的凹槽里，因为地铁列车和道床之间没有足够的空间使人容身。

# 五、乘坐火车出行的安全防范

### ❖【案例一】❖父子乘坐火车回家过年竟中暑

　　在一列行进的火车上，列车员在巡视至某号车厢时，发现有一对父子不舒服，两人均称好热，有头晕、呼吸不畅的情况出现，列车员根据经验判断为中暑。当即，列车员将父子俩接到餐车，并通过广播紧急寻找医生，同时调整车厢温度。半个小时后，父子俩情况有所缓解。铁路警方提醒，三九寒天也会中暑，是因为冬季室内外温差较大，而车厢里一般温度较高，加上人群拥挤，空气流通不好，容易引起胸闷、头晕等症状。

### ❖【案例二】❖火车脱轨造成多人受伤

　　2014年4月13日6时30分许，哈尔滨铁路局对外发布称，当日3时17分，一辆由黑河开往哈尔滨的旅客列车运行至绥北线海伦至东边井区间发生脱线事故，造成15名旅客受伤。

### ❖【评析】❖火车具有载客量大、车次准确、费用低廉、中途可以换乘或停留（在车票有效期内）以及夜间行车的优越性。此外，火车发车时刻是固定的，不受天气影响，便于我们掌握时间合理安排日程。乘坐火车可能发生的意

外包括以下几种情形：其一，发生列车相撞、脱轨、火灾等事故。其二，乘客在检票或上车时因拥挤或者不遵守规则而发生伤害事件。其三，乘客在列车行驶过程中造成烫伤、碰伤或者其他突发疾病等意外事件。案例一中的父子寒冬中暑就属于此类。其四，乘客在列车上财物失窃。其中大部分的意外，只要我们掌握一些防范或应对方法，多留心一点，都是可以避免或者减少损伤的。即便是列车脱轨、倾覆这样的事故，尽管作为血肉之躯的我们本身的自我保护能力很有限，但如果我们能够采取一些自我保护措施就可以将伤亡降低到最低限度。比如，一旦事故发生时，最要紧的就是固定自己的身体。如果时间允许最好能平卧在座椅上，或钻在两个椅子中间的空当之中，紧紧抓牢或抱住靠背或椅子腿，也可抓住茶几支柱或行李架，这样即可使身体与车厢形成一体，在车厢发生倾斜或翻滚时不致与车厢或其他物体发生碰撞。

❀【防范攻略】❀第一，要想安全到达目的地，就要安全乘车，做个安全、文明的乘客。选择正规购票渠道，如12306网上订票、95105105电话订票、火车站或代售点窗口及车站自动售票机购票。目前火车票实行实名制，不要相信网上的车票转让信息，防止上当受骗，也不要从别人手里购买有其他人身份证信息的火车票；人、票、证不符时将无法进站乘车，车票作废，不仅钱财被骗，还耽误行程。出发前应检查身份证、车票、行李等是否齐全。首先，在上车之前，我们要特别注意检查自己的行李，不能把易燃易爆等危险品携带上车。其次，听从站务人员的安排，在站台一侧的白色安全线内候车。来车后须停稳再上，先下后上；严禁攀爬车窗上车；严禁在站台上打闹和跨越铁轨线路。再次，进入车厢后，将自己的行李物品放好，尽快找到自己的位置坐下，不要在车厢里来回穿行，也不要在车厢连接处逗留，以免在上下车拥挤或紧急刹车时被夹伤、挤伤。乘车时，不要将头、手伸出窗外，以免被车窗卡住或划伤；不能将废弃物扔出窗外，以免砸伤他人。倒热水时不要过满，以免列车晃动热水溅出后烫伤人。最后，不能乱动车厢内的紧急制动阀和各种仪表，以免导致事故发生。

第二，如果我们身体有不适或者患有慢性疾病但可以乘坐火车时，要注意随时携带药物，并按时服用。火车车厢密闭，人多时通风不好，如果感到不舒服可以向列车员反映，或者到车厢连接处通风，也可以在列车中途站点停靠时下车换换空气。此外，要根据车厢内的温度加减衣物，多补充水分，即使是在冬天也要防中暑。

第三，看好行李和随身携带的物品。出门时，行李不要太零散，最好集中箱包盛放，路途中常用物品（如食品）和贵重物品分开存放，防止遗失；进站过安检时，看到箱包进入安检机器进口后再去出口处取行李，以防不法分子浑水摸鱼，从传送带上偷拿财物；进出站和上下车比较拥挤，小心钱包和贵重物品，如果背包不是太大，最好挂在胸前，钱包不要放在容易被小偷下手的衣服外口袋里；乘坐硬座时，上车后尽量把行李放在自己座位侧面的行李架上，而不是正上方，这样行李可以在自己容易观察的视线内；提前备好零钱，做到财不外露；上车前后避免拥挤，上车时和开车前，站台上及车厢内人多拥挤，要听从工作人员指挥，有序排队进站上车。中途停车时，要注意自己的行李物品，防止别的下车旅客拿错行李或者小偷趁乱行窃。沿途一些停靠站由于不是封闭式车站，尽量减少下车购物，以防被小偷有机可乘。另外，要警惕中途翻找行李的人，一些不法分子会携带大行李袋或与其他旅客相同的行李袋上车，并放在一起，在旅途中频频爬上行李架假装取自己的东西，借机翻动旅客行李行窃。因此，上车摆放行李时要避免形状与颜色相同的行李放在一起，以免下车时拿错。

第四，在旅途中，不要接受不认识或认识不久的人赠送的饮料或食品。不要将随身携带的手机等通讯工具或平板电脑借人，或让人随意翻看。已经发生过不法分子佯装借手机或欣赏手机里的照片等，记住手机里的联系电话，然后实施诈骗的案件。出站时，到车站指定地点乘坐公交、地铁或出租车，不要轻信出站口拉客的人。车上有困难，及时找列车乘务人员帮忙，不要轻信陌生的热心人，更不要跟他们中途下车。

第五，在遭遇突发事件时，要采取一些防范自助措施。

其一，发生事故时，应远离门窗，抓住牢固的物体，以防碰撞或抛出车厢。

其二，事故发生时，我们如果正在座位或铺位上，应紧靠在牢固的物体上，低下头，下巴紧贴胸前，以防颈部和头部受伤。

其三，火车脱轨向前冲时，不要尝试跳车。处于两节车厢连接处的人要迅速冲进车厢以防从车门甩出车外。处于车厢内的人员在自我保护时应躲开车窗处，避免被巨大的冲击力从车窗甩出去或被玻璃刺伤；应避开两个平行相对的椅子靠背处，以免被挤在中间受伤。我们如果正在卧铺车厢时，在列车颠覆时不要盲目跳下卧铺，应保持身体平卧状态，牢牢抓住卧铺使身体不要失去固定位置，这样也会减少伤害。

其四，经过剧烈颠簸、碰撞后，火车不再动了，说明火车已经停下，这时应迅速活动一下自己的肢体，如果受伤应先进行自救。

其五，火车停下来后，注意观察周围的环境。如果接近门窗，在身体情况允许时，应尽快离开；如果周围环境没有起火爆炸等危险，也可在原地不动，等救援人员到来；如果处于危险环境，可用逃生锤打破窗户爬出去或采取各种方式打碎玻璃逃离车厢。

其六，离开火车后，设法电话报警，通知救援人员。

# 六、乘船出行的安全防范

## ◈【案例一】◈ 游艇与货船相撞多人伤亡

2012 年 4 月 4 日下午，上海虹口区稻草人旅行社组织的一个由上海交通大学学生组成的 23 人的旅行团在苏州太湖西山岛乘游艇游览时，其中一艘搭载 8 人的游艇与一艘货船拖拽的缆绳相撞，导致游艇上有 2 人身亡、2 人失踪、4 人受伤。

## ◈【案例二】◈ 小学生划废弃渔船游湖溺亡

云南某镇 7 名小学生相约到杞麓湖边玩耍，后划木船和泡沫板游湖，不幸船翻溺水，导致 6 名小学生死亡。杞麓湖被称为"九大高原湖泊"之一，平均水深 4 米。随着当地连续几年遭遇干旱，杞麓湖的容积一直缩减，很多渔船都被闲置在湖边，大部分都是废弃的渔船。6 名小学生家长认为，通海县杞麓湖保护管理局作为管理部门，负责杞麓湖水上安全的管理、船只入湖管理工作，没有在湖边设置安全警示标志、安全护栏，未对船只进行有效管理，是发生事故的重要原因，遂向通海县人民法院提起民事诉讼，要求杞麓湖保护管理局赔偿丧葬费、死亡赔偿金、精神抚慰金。

### ❖【案例三】❖客船倾覆，数百人遇难

据报道，曾有从南京驶往重庆的客船在长江湖北监利水域沉没，共有434人遇难，8人失踪，14人生还。该船乘客大多为老人，最小的乘客仅有3岁。

❖【评析】❖乘船发生碰撞、倾覆、溺水等意外主要有以下几种原因：第一，船只本身存在不适航的问题，如船只陈旧破损、未配备必要的救护设施；第二，驾驶者不专业，或者违规驾驶，不在适航的航道行驶等；第三，因乘坐者的危险动作导致意外；第四，因风浪、暗礁等自然条件恶劣导致意外。不论是在景区游湖还是在海上旅行，我们都应该掌握一些安全知识以防万一。

❖【防范攻略】❖第一，青少年选择乘船出行，要关注天气变化，切勿意气用事，要听取专业人士对天气状况、出行安全的建议和提醒，合理安排出行。如遇大风、大浪、浓雾等恶劣天气，尽量避免乘船。

第二，乘坐航船旅行，不坐破旧老化的船只；不乘坐无牌无证船舶；不乘坐客船、客渡船以外的船舶；不乘坐超载船或人货混装的船舶；不乘坐冒险航行船舶；不乘坐缺乏救护设施的船舶。

第三，上下船时，一定要等船靠稳，待工作人员安置好上下船的跳板后，才能按工作人员的安排按次序上下，不得拥挤、争抢，不随意攀爬船杆，不跨越船档，以免造成挤伤、落水等事故。集体乘船时，要听从指挥。

第四，按船票指定的航次，在指定码头有秩序地上船，

不要携带易燃易爆物品乘船，上船后要进入自己的舱房，安排好物品。家长要注意将随行的学生儿童安排在安全的床位上，不要靠近水面一侧。

第五，乘船时，不要携带易燃易爆等危险品上船。若发现有人将危险物品带上船只，应督促其交给管理人员作妥善处理。

第六，上船后，找到座位坐下，然后要留意观察救生设备的位置和紧急逃生路径。如了解救生衣存放的位置，熟悉穿戴程序和方法，了解通向甲板的安全通道，这样当紧急情况需要迅速撤离时，可以赢得时间自救。

第七，在船上时，不在船头、甲板等地打闹、追逐。摄影时，不要紧靠船边。在船上观赏水中景物不可探身超过护栏，不要站在甲板边缘向下看波浪，以防落水。船靠、离码头或驶过风景区时，不要聚集在船的一侧，以防船倾斜翻沉。不要在船上乱窜乱跑，不要登上不允许去的高处观光，更不要跑到船舶工作场所，以免影响船舶正常工作和发生意外。

第八，乘坐较小的游船时不要众人挤到一侧船舷去，以免船体偏重。中间停泊上岸观光时，要遵守时间，要与团体一起行动，一旦走失，要尽快返回船上；而且上岸前应记住自己的船号，不要上错了船。

第九，若在航行途中遇到大雾、大风等恶劣天气临时停泊时，要静心等待，不要让船员冒险开航，以免发生事故。在航行中遇到大的风浪，会出现颠簸，这时不必惊慌，要听从船员指挥，不要乱跑乱闯、大声喧哗，以免引起全船人员的混乱，使船体失去平衡，造成不可预料的严重后果。

第十，船上的许多设备，直接影响船舶的安全行驶，不能乱动，以免影响正常航行。救生消防设施，不能随意挪动。注意保护环境，不要将废弃物抛入水中，废弃物要放到船上指定位置。

第十一，夜间航行，不要用手电筒向水面、岸边乱照，以免引起误会或使驾驶员产生错觉而发生危险。如果发生局部失火、漏水或其他不安全迹象，应当尽快向船员报告，并立即采取补救措施。在搞不清情况前，不可大声喧哗，以免引起全船人不安。

第十二，在遭遇危险时，首先，及时向相关救助机构求救，切勿因慌乱而失去理智待在原地什么都不做，应该迅速穿上救生衣、发出求救信号，不要贸然跳水。如果没有救生衣，则应以船身或其他能浮动的物体作为救生器材，死抓不放。家长或者成年人应看护好儿童，以防走失。

其次，听从船内负责人的指挥，统一行动，不可自作主张。不要大量人员突然集中在船的一侧，不要与人挤作一团，以防发生翻船。

最后，必须弃船逃生时，要在距水面最近的地方，选择迎风等方向跳下，尽快游向有人的地方。跳水时应双臂交叠在胸前，压住救生衣，双手捂住口鼻，以防跳下时呛水。同时眼睛应望前方，双腿并拢伸直，脚先下水。注意不要向下看，否则身体会向前摔进水里，使人受伤。跳入水中要保持镇定，既要防止被水上漂浮物撞伤，又不要离出事船只太远，以免搜救人员寻找不到。如果船只翻沉，应该分散到船窗或从船内游离船只，然后从容有序地游向岸边，或注意保持体力，等候他人的救援。如果在淡水水域的话，可以适当喝点水，增加体力。但是在海上遇险，则不要喝海水。因为海水中有大量的盐分，当人体摄入过多的盐分的时候，多余的盐由肾脏排出，带走更多的水分，可能会引发脱水。

第十三，景区内搭乘游艇应选择救生器材配备齐全、没有破损或其他缺陷的船只，同时，应由专业人员来指挥和驾驶船只，青少年不可盲目自大、好奇爱玩，从而自己驾驶船只。在旅游景区搭乘游艇应该缓慢行驶，切勿在船只上互相打闹、嬉戏，以防发生意外。遇见货船或其他船体大型的船只，应及时避让。

第十四，面对溺水者，我们应该伸出援助之手，把溺水者第一时间移到岸边呼叫120。在120急救车没有到的这段时间里，可以先采取相应急救措施。溺水者打捞上来后，可以先摸一下溺水者的脉搏，听一下是否有呼吸。如果溺水者没有呼吸或者气息微弱，心脏停止跳动，掐溺水者的人中都没有痛感的话，应立即采取心肺复苏，然后进行人工呼吸，让溺水者平躺，脸朝上；如果还有呼吸，要将溺水者体位侧卧，拍一拍后背，将水等杂物控出来。

# 七、搭乘飞机出行的安全防范

### ❀【案例一】❀长途旅行中小心经济舱症候群

28岁的阿拉妮·威克乘坐新加坡航空公司的班机回英国伦敦与家人欢度圣诞。在久坐不动后，她起来去飞机洗手间，猛然倒在地上。机上的工作人员立即对她进行了救治，但已回天乏术。经医生诊断，"罪犯"就是臭名昭著的"经济舱症候群"，学名叫作"深度静脉栓塞"。由于乘客在飞机上长时间保持相对固定的姿势，缺乏运动，腿部静脉血流变慢。加上飞机内湿度低、气压低，乘客体内的水分容易散失，致使血液变稠，一部分人就容易形成血栓。如果形成的血栓流到肺部，就会阻塞肺部血管，导致呼吸困难，严重的可造成死亡。

### ❀【防范攻略】❀飞行对于人体会产生一些影响，轻则有不舒适感，重则危及生命。在乘坐飞机时，我们有必要了解这些影响，并根据自己的身体状况做好预防工作。

首先是低气压的影响。受低气压的影响，有少数人乘机时鼻窦部会发胀、刺痛，个别严重者可能流鼻血，所以患感冒、上呼吸道感染或鼻腔炎症时，应缓乘飞机，如确实需乘机，可带瓶滴鼻净等，在飞机起降时向鼻腔内滴几滴，以保持通畅。

其次是温湿比例搭配失调的影响。乘机时间稍长者应多喝点水或饮料，否则容易口干舌燥；有条件者应在皮肤暴露部位涂些增湿膏或凡士林，以保护皮肤。

再次是气流扰动的影响。飞行中飞机遇到气流扰动时，飞机会不同程度地颠簸，有时甚至剧烈颠簸，因此，乘机时应系好安全带；有晕车、晕船史的人，登机前30分钟内还应服乘晕宁等。

又次是时差对人体的影响。每一个人都有自己的生物钟，确定着睡眠、饮食及最佳活动时间等。跨越时区的飞行，由于时差和气候的重大变化常常引起人们生物钟的紊乱。表现为到达目的地后头脑昏沉，需经好几天才能调整过来。为防止或减轻时差的影响，出差前休息应充分，登机后争取时间多睡一会儿，如果入睡困难，也可求助于一点镇静催眠药。

最后是饮食的影响。登机前不可空腹，更不可过饱，否则会增加心脏和血液循环负担，常会引起恶心、呕吐甚至晕机等"飞行病"。也不要吃难以消化的高蛋白、高脂肪和易产气的食物，这些食物消化困难，胃不易排空，会加重腹胀。在飞机上应多饮些水、饮料或吃水果，多吃点高糖易消化的淀粉类食物，如甜点心、面包、面条、米饭、瘦肉、蜜饯等；不要饮酒。

此外，连续坐一两个小时飞机后就要站起来走动，做一些简单的动作，如踮脚尖、抱小腿等；若机舱内活动空间小，则可以在座位上尽量伸展一下背部和腿部的肌肉，以保证血液循环的畅通。

### ◈【案例二】◈灾难性的飞机失事

2013 年 7 月 6 日，韩亚航空公司一架波音 777 客机在美国旧金山国际机场降落过程中发生事故并起火燃烧，事故航班上的乘客中，有 2 名中国学生死亡。2014 年，全球航空业更是备受关注。MH370 消失了，MH17 被击落无人生还，我国台湾复兴航空的飞机迫降失败，阿尔及利亚航班失联……飞机失事往往带来灾难性的人员伤亡和财产损失。

### ◈【防范攻略】◈对于飞机这样一种重要的交通工具，我们要了解一些基本的搭乘常识。

第一，慎重选择航班，尤其是国际航班，了解航班航线是否安全（最好别飞越战区），了解航班是否夜间航行，合理选择出行时间，台风过境要谨慎乘机。有人建议优先选择直飞航班和至少 30 个座位以上的飞机。理由是，统计数据显示，大部分空难都发生在起飞、下降、爬升或在跑道上滑行的时候，减少转机也能避免碰到飞行意外；同时，飞机机体越大，国际安全检测标准也越多、越严，而在发生空难意外时，大型飞机上乘客的生存概率也相对较小的飞机要高一些。

第二，乘坐航班尽量在起飞前两个小时到达机场，尤其是国际航班，乘坐前要向航空公司柜台办理报到手续及海关、证照查验、检疫等出境手续。

第三，不要嫌寄存和领取行李麻烦。很多人为了节省等领行李的时间，喜欢把大件行李随身带上飞机，这是不符合飞行安全的行为。如果飞机遭遇乱流或发生紧急事故时，座位上方的置物柜通常承受不住过重物件，许多乘客都是被掉落下来的行李砸伤头部甚至死亡。

第四，登机后确认离自己最近的安全出口，并了解紧急出口的操作方法，以便需要时及时打开出口逃生。严格遵守乘机指南，认真了解应急措施，花几分钟时间仔细观看录像和乘务员演示的安全指示。随时系紧安全带，尤其是在飞机翻覆或遭遇乱流时，这样能为我们提供更多一层的保护，避免碰撞受伤。

第五，起飞前向家人通报行程。

第六，为了应对可能的紧急情况，女生不要穿丝袜，衣物最好选用宽大的毛料服装和棉制品，以防飞机发生火灾而发生烧伤；要在保护好脚的情况下脱掉高跟鞋，摘掉身上的一切装饰物和手表，系好安全带。当发生飞机火灾时，用湿毛巾或湿布捂住口鼻，尽可能减少呼吸，最好屏息，快速离开烟雾区，飞机停稳后听从机组指挥迅速撤离。①

---

① http：//roll. sohu. com/20140725/n402701578. shtml。

# 财物安全防范篇

# 一、防诈骗要戒贪慎行

不法分子之所以能够诈骗得手，通常是利用了我们易受暗示、易受诱惑的心理，比如，虚荣心理，不作分析的同情、怜悯心理，贪占小便宜的心理等。青少年思想单纯，很容易成为不法分子诈骗的对象。有些是利用了我们的同情心，花言巧语编造故事让我们慷慨解囊，当我们自以为做了一件好事时，可能是落入了圈套；有些则是利用了我们有所求的急切心理，先用小的利益取得我们的信任，然后用芝麻换西瓜，骗取大的利益。"害人之心不可有，防人之心不可无。"当然，"防人"并不是要搞得人心惶惶，关键是要有这种意识。遇人遇事，应有清醒的认识，不要因为对方说了什么好话、许诺了什么好处，就轻信、盲从。不法分子的最终目的是骗取钱财，并且是在尽可能短的时间内得手。因此，遇到新认识的"朋友""老乡""遭受不幸的落难者"提出钱财方面的请求时，就要警惕了，如果认为对方的钱财要求不合实际或超乎常理时，应及时和家长、老师或信任的人沟通，以避免不应有的损失。另外，天上不会掉馅饼，千万莫贪小便宜。对飞来的"横财"和"好处"，特别是不很熟悉的人许诺的利益，要多想想，三思而后行。

## （一）小心电信诈骗花样多

### ※【案例一】※电话"绑架"诈骗，先骗孩子再骗家长

1. 派出所接到小唐父母从老家打来的电话报案，他们接到陌生人的电话，说小唐被"绑架"了，想要小唐平安就拿钱来赎，而小唐也确实联系不上了。不仅如此，小唐的父母还收到了小唐满身血迹并被捆绑起来的照片。此前，小唐的父母已经按照电话的要求汇去了几千元，但电话那头还要 10 万元。考虑到数额太大，小唐的父母想到了先问问警察。接到报警后，警察劝家长保持情绪冷静，千万不要给对方汇款，同时展开了调查。警察先到小唐就读的学校去调查，同学和老师这才注意到小唐好几天没见了。当日晚上 8 点多，小唐在学校附近的一家小旅馆被找到了。让警察哭笑不得的是，小唐身上的血迹是口红画的，而绳子是他自己捆的。在警察面前，小唐讲出了经过。前几天，他接到一个电话，对方自称是武昌警察，说小唐的身份信息被冒用，现在涉嫌 100 万元的洗钱案件，要想摆平这件事就得拿出 10 万元钱。小唐说没钱，对方说没钱就让家长拿点出来，然后向小唐"传授"了绑架奇招。这么荒诞的要求，小唐竟然相信了。小唐自己用口红画了"血迹"，自己用绳子捆了自己，然后自己拍了照片发给了对方……

无独有偶，小唐所在学校还有两名学生也同样被骗。其中一个还给骗子录了一句"爸爸妈妈救救我"，使得其父母听到骗子转发的语音消息后，立刻汇出去2万多元。

2. 晚上7点，派出所接到武汉某大学教师报警，称一学生家长接到陌生人以其儿子手机号码打来的电话，告知其儿子被绑架，并索要20万元赎金。接到报警后，派出所立即全力开展案件侦破。当晚10点，民警在学生宿舍附近一隐蔽处找到该学生。经询问，该学生是在上午接到了一男子的电话。对方自称是上海市公安局民警，称该学生涉嫌洗黑钱，且其手机已被犯罪集团监听，在骗取了该学生的家庭成员信息后，又要求其更换手机号码，并找一个隐秘处单独住下，不得与任何人联系。随后，不法分子以网络虚拟的该学生的手机号码，打电话给其家长谎称该学生被绑架，并索要赎金20万元。

◈【案例二】◈中奖诈骗，愿者上钩

"笔记本电脑一台，请您速与1395983×××沈小姐联系。"近日，小雨就接到这样一条短信。她按短信后面的号码拨通了电话。一名男子在电话中称："这是该公司成立20周年在手机用户中随机抽取的，你能中一等奖是极幸运的，只要给我们汇500元的税和邮寄费就行了。"小雨没有多想，就把自己的压岁钱汇入对方提供的账户，此后对方就杳无音信了。

◈【案例三】◈短信群发诈骗学费

快开学了，某学校部分学生分别收到来自陌生手机号码的短信，短信内容是以学校的名义要学生直接把钱打入一个农业银行账号。该校学生都有自己的交费卡，如果学生的交费卡丢失或损坏交不了学费的，会由学校负责收费的辅导员发短信告诉学生学校的单位账号，学生按此账号进行交费即可。但负责收费的辅导员表示并没有发过这样的短信。后经了解得知，短信中的账号是私人账号，此短信应是诈骗短信。幸运的是，由于学生和家长的警惕性够高，这条短信没有得逞。

◈【评析】◈电信诈骗是指犯罪分子通过电话、网络和短信方式，编造虚假信息，设置骗局，对受害人实施远程、非接触式诈骗，诱使受害人给犯罪分子打款或转账的犯罪行为。不法分子善于抓住受害者贪小便宜的心理进行煽动，使受害者轻易消除戒备心理。同时在作案得手后，还针对受害人"贪利""侥幸"的心理，采取提高中奖数额、拒绝偿还手续费等的方法，变本加厉地达到其犯罪目的。电信诈骗早已不再是新鲜把戏，大多数人也对此有了"免疫"能力，不会轻易上当受骗。电话诈骗虽然老套，但大多涉世不深、单纯的孩子还是容易上当。常见的有这几种情形：

第一，打电话冒充熟人诈骗，如"你知道我是谁吗""猜猜看呀""别忘了老朋友啊"。突然接到这样一个热情洋溢的电话，不少人都是一头雾水，同时又有些慌乱。其实这时候与其胡乱猜测，还不如多留一个心眼。

第二，退费退税诈骗。在此类骗术中，犯罪分子可能掌握了车主或房主的手机号、姓名、车型或房屋等信息，然后冒充税务局工作人员，给他们打电话发短信，称可退购车税或房产税，然后以便民为由要对方到 ATM 自动取款机上在其诱导下进行转账操作。我们应该清楚，即使税务、医保和电信公司等部门实行退税、退费、返话费等政策，也会通过电视、报纸和官方客服等媒体公布和通知，绝不会只以电话、手机短信等方式通知，如果接到此类信息，必须到上述部门核实。凡以种种借口要求客户通过 ATM 柜员机去操作所谓"远端保全措施""开通网上银行""与税务机关联网接受退税""收退税款"等项目的，基本可认定是诈骗行为，一旦操作，就会上当受骗。

第三，"请给××账户汇款"短信诈骗。通常情况下，根本没有汇款需要的人一眼就能识破这是一个骗局。但之所以这样的骗术屡见不鲜，就是因为总会有人在那个时点正要汇款，一不小心，就会把短信内容误以为真，将本来汇给其他人的钱汇入骗子提供的银行账号。如果汇款的时候接到这样的短信，一定要给真正的收款人打个电话，再次确认收款账户信息。如果对方果真换了账户，那再进行汇款也不迟。

第四，中奖诈骗。"恭喜您获得××公司十周年庆典抽奖活动一等奖。"收到这种短信一定要提高警惕。不法分子以短信、网络、刮刮卡、电话等方式发送中奖信息，但领取大奖都要预先缴纳手续费、快递费、公证费等各种费用。一旦将这些费用汇入指定的银行卡，对方从此就杳无音讯。这种诈骗手法已经比较老套了，但仍有人不断上当。

第五，冒充公检法机关、邮政公司、电力公司、通信公司、银行等工作人员诈骗。还是那句话，无论是国家机关还是国有公司、企业都不会通过电话或短信以任何理由获知我们的账户信息，更不会提供所谓的平台帮我们"保管钱财"。

电信诈骗手段不断翻新，让人防不胜防。一些骗子甚至能够虚拟银行的官方服务号码群发诈骗信息。但所有的骗术都万变不离其宗，那就是最后会要求客户把自己的钱转移到骗子的账户里。天下没有免费的午餐。当我们收到类似中奖短信和虚假网络购物的信息首先要慎重，不要有贪小便宜的想法，"来则删之"是最可行的上策。

❖【防范攻略】❖ 第一，在日常生活中，尽量做到不轻信不法分子的利益诱惑，不轻信来历不明的电话和手机短信，不给不法分子进一步设置圈套的机会，不向来历不明的人透露自己及家人的身份信息、存款、银行卡等情况；在不能得到完全确认的情况下，不向陌生人账户汇款、转账；对于双方有频繁资金往来的人员，在汇款、转账之前也要再三核实对方账户，同时妥善留存相关单据。如收到陌生短信或电话，不要惊慌无措和轻信上当，最好不予理睬，更不要为"消灾"将钱款汇入犯罪分子指定的账户。

第二，要随时提高警惕，遇到自己不熟悉、不知道的情况，一定要先多方核实再采取行动。不要瞒着家长进行资金方面的转汇。发觉可能上当受骗，不要存有侥幸心理，立即向公安机关报案，同时及时联系有关银行业金融机构寻求帮助。

第三，收到中奖信息，识别其是否是诈骗的方式就是如果你根本没有参加过这类节目或者买过其产品肯定就是骗局，而且真的中奖并不需要先缴纳费用。

第四，接到所谓熟人的"猜猜我是谁"的电话，可以随便编个人名，如果对方应了，肯定就是骗子；或者是坚持要对方自己说出是谁，不要因担心不记得熟人的声音尴尬而让骗子有空可钻。

## (二) 警惕街头乞讨诈骗

### ❈【案例一】❈拖家带口多次乞讨行骗

这天，小兵在路上遇到一个带着小孩的中年妇女，该女子称自己是从外地到这里找亲戚的，但是亲戚没找到，身上带的钱也花光了，好几天没吃饭，孩子实在饿得不行了，请求小兵给几块钱给孩子买点吃的。小兵看了看孩子，也觉得可怜，就给了她十几块钱。该女子连声道谢走了。过了几天，小兵又遇到了那个中年妇女，仍带着那个孩子，只是换到了另一个街区。

### ❈【案例二】❈假扮学生乞讨行骗

在某市场门口，一个学生模样的女孩背着书包、穿着蓝白色校服跪在地上，身前还放着一张纸，写着乞讨求助的内容。进出市场的人们总不免要看她几眼，也不断有人给她钱。后来城管人员前来干涉，急中生智的城管小超给这个女孩出了几道中学数学题，女孩第一道题就没有做出来，围观的人一下子明白她是在假扮乞讨骗钱，女孩见露馅了，收拾东西溜走了。

### ◈【案例三】◈ "重病" 乞讨行骗

北京警方曾抓获一个由 10 人组成的 "重病乞讨团"。该团伙的组织者为 64 岁的男子王某和 46 岁的女子李某。两人负责团伙成员吃住、制订乞讨线路并跟随管理，将诈骗来的零钱，就近找商店兑换成大面额纸币。团伙成员平均年龄 60 余岁，每天早晨 7 时从暂住地出发，前往市内繁华路段，伪装成重病博取同情，进而乞讨行骗。乞讨行骗所得财物均要上交给王某，由其负责解决吃住等日常开销，每月发放成员 200 元至 300 元的零花钱。

### ◈【案例四】◈ "聋哑人" 书店行乞

开学前，小武和妈妈到新华书店购买辅导教材。当小武一个人在书架前选教材时，一个女孩子走到了他的身边，递过来一个笔记本和一支笔，并冲着一头雾水的小武咿咿呀呀地打手势。妈妈看到后，大声地提醒小武不要理睬，那个女孩狠狠地瞪了妈妈一眼，收起笔记本转身离开了。妈妈告诉小武，刚才书店的工作人员提醒她说那个女孩是行乞的 "聋哑人"，本子上写的是给钱人的姓名和金额。小武想了想觉得妈妈说得对，要真是聋哑人，那个女孩应该听不到妈妈的声音，更不会冲着妈妈瞪眼睛。

### ◈【评析】◈ 我们应当同情和帮助那些确实丧失劳动能

力又无其他生活来源的弱者，我们擦亮眼睛要防范的是那些以欺骗手段恶意乞讨的骗子。近些年，关于乞讨者"城里磕头，乡下盖楼"之类的新闻屡见报端。这些乞讨者大多是四肢健全且具备劳动能力的正常人，利用人们的善良和同情心，虚构各种谎言骗取不义之财作为生活和挥霍之资。"租爹""租妈""租孩子"组团乞讨已经不是新鲜事，有些甚至演变为团伙作案，通过残害成员的身体来实现行骗的目的，已经涉嫌违法犯罪。乞讨诈骗对社会良善和信任体系的破坏性影响不容忽视。

上述案例都是乞讨行骗的常见形式。乞讨诈骗可谓随处可见，如何辨别还真是需要一双慧眼。

❖【防范攻略】❖街头行乞的方式已经成为一种常见的诈骗行为，他们行骗往往选在流动量大、普通人较多的地方，防范意识较低的善良学生很容易就成为他们眼中的猎物。大家在日常生活中要提高防范意识，遇到乞讨的人员要仔细分辨，不要滥用同情心。遇到自称没钱吃饭的乞讨者，买食物给他比直接给钱要好。

## （三） 谨防丢包诈骗陷阱

### ❖【案例】❖丢包诈骗不成变抢夺

小琳一个人由宁国路向一环路走着，当她接近下穿桥时，一个胖男子从后面骑车过来，停下来问她："你捡到我的钱没有？"小琳当然说没有。但是对方一定让她打开包给他查看，而且一直问她有没有银行卡、卡里有多少钱。见他的样子很凶，小琳有点怕，不敢反抗，只好把包给他看。临走前，胖男子竟然趁小琳不注意，一把扯下她的项链骑上自行车就跑了。

◈【评析】◈小琳遇到的其实就是丢包诈骗。丢包诈骗一般有这些特征：首先在受害人附近丢包，看其经过有没有反应。如果受害人见包有反应，则会上前假意是与受害人一起发现了被丢的包，并要求平分包里的东西，通过花言巧语说让受害人分得大部分，但要受害人拿出身上的钱或佩饰抵押。小琳遇到的是此类诈骗的升级版，即如果受害人没有反应，那就直接上去要无赖，说受害人捡到他钱了，要求检查受害人的包；如果受害人包里有很多现金，那么就直接抢了现金逃跑；如果没有太多现金，就设法套出受害人的银行卡密码，再将其银行卡偷到手；如果受害人身上有值钱的首饰，骗子也会就地抢走，就像本案中小琳最后的遭遇一样。

◈【防范攻略】◈青少年容易因恐慌而慌乱行事，这也是不法分子盯上我们的原因之一。外出时，第一，切忌贪小便宜，遇到掉包、丢包的，可以将包交给警察，不要听信"私了"。第二，留意和自己搭话的陌生人，不要轻易回应，不要轻信虚假信息，遇事先不着急，可以说和家长或其他人商量一下，一般有不良企图的人就会阻拦，或是走开。第三，不要因为身边的一些突发情况而忽略随身财物的安全，警惕一些人制造丢钱、丢东西的骗局来分散自己的注意力，走路时和朋友一起聊天也不要过于投入。第四，遇到宣传教育培训辅导和帮我们赚钱、带我们游玩的人，不要理会，更不要预交任何费用，有需要回家和家长商量。第五，有人以大钱换零钱或主动用零钱换整钱时，应多留神。对陌生人以熟人或学长名义借钱的，应当果断拒绝。对有人以同学、朋友名义邀请上网玩游戏的，应当拒绝。对有人以报名学习、辅导课程验证为名，要求帮忙操作手机设置或使用我们的电话，并索要密码的，应当拒绝，总之，不要轻易把我们的学习工具、手机等财物交给别人。第六，一旦意识到被骗，立即报警，不要姑息不法分子。

# 二、防盗窃唯有提高警惕

### ◈【案例一】◈公交遇贼，一人下手其他人打掩护

星期天下午，寄读的高一学生洋洋背着书包带着一个星期的生活费乘坐公共汽车去上学，途中遇到了一个扒窃团伙。当车行驶到学校停车站台时，她正准备下车，但有两个男的故意挡在了车门前，这时候后面的一个人把手伸进了她的皮包，警觉的洋洋识破了小偷的伎俩。这时，出现了第四个负责打掩护的小偷同伙，借口洋洋踩到他的脚了，故意纠缠，其他三人趁机下车跑了。

### ◈【案例二】◈学费车上被盗，报警后座位下找到

开学的第一天，小陈带着一个月的生活费、学费和住宿费4000多元从镇上乘坐汽车去县城上学。途中，小陈从背的书包中拿水喝，发现书包拉链被拉开，一摸装在包里的4000多元不见了。小明立即报警，民警接警后迅速出警。在询问了小陈相关情况后，警察及时查看了车内监控，后来在后排座位下发现了被盗的4000多元现金。据司机和乘客反映，途中一男乘客杨某某多次要求下车被拒绝，杨某某还曾抢夺方向盘逼迫司机停车。民警对杨某某进行了盘查，他供认趁人员拥挤之际，从小陈后背的书包内盗窃

现金 4000 多元，后见小陈报警就趁人不备把盗窃的现金扔在了座位下面。

❖【评析】❖一般情况下，汽车上的"扒手"携带的行李简单，眼神游离在旅客的衣袋和背包，在人群中故意拥挤或者用身体阻挡旅客。扒手一般会拿衣服、报纸、雨伞等物品给自己做掩护，尽可能靠近目标；多数为中年男性，喜欢东张西望，而且专门盯带包的人、带手机或是打手机的人。上车后往往有意无意地通过"一摸、一捏、一按、一掐"几个简单的肢体接触判断目标是否有钱并下手。"扒手"偷东西一般有"遮、割、撞、抢、钓、分、并、换、色、拿、夹"11 招。"遮"就是拿一个东西遮挡。"割"就是手里拿着小刀割。"撞"就是你只要走着走着，突然有一个人撞你一下，你一摸兜，东西已经没了。"钓"就是用个钩子从上边往下看。最厉害就是"分"，扒手会找各种借口与乘客搭讪，或者制造小混乱吸引其注意力，设计一个圈套让你往里钻，另一个同伴就会伺机将你的财物偷走。

车上"扒手"行窃一般会采取三种手段：第一，徒手盗窃。这也是最普遍的一种盗窃方法。小偷一般拿衣服、报纸、雨伞等物品给自己做掩护，尽可能靠近目标，将东西夹出。第二，工具盗窃。小偷行窃时最常用的工具就是刀片，在目标后面等待时机，将目标的裤兜、皮包甚至里怀兜割开扒窃。第三，团伙作案转移视线。目标准备上下车时，一两名专门负责围堵的团伙成员便一拥而上。堵截目标上下车的路线，就是为了给下手的同伙制造机会。小偷团伙行窃得手后还可能将赃物传递给其他成员，然后自己吸引目标注意，让携带赃物的同伙趁机离开。

◈【防范攻略】◈第一，乘车时应警醒，将放有贵重物品的包放在胸前。扒手经常通过"一摸、一捏、一按、一掐"几个简单的肢体接触，就可以判断出我们身上大概有多少现金，值不值得下手以及如何下手。扒手一般选择上下班高峰时段上车行窃，因为人多好隐蔽、易下手。所以，我们在乘车时，最好把背包或放有贵重物品的包放在胸前。

第二，在上公交车前准备好零钱，不要在车上拿出钱包找钱，这样很容易向小偷暴露目标。另外，外出时最好将钱、银行卡和证件分开放，这样即使被盗，也可以避免因为各种证卡一起丢失而带来麻烦。

第三，乘坐公交，切忌睡觉、戴耳机听音乐和打游戏，这样会给小偷可乘之机。当我们的精力集中在游戏或音乐中时，小偷很可能已经对我们"下手"了。同时，要注意陌生人和驾驶员、乘务人员的一些反常的"暗示"和"暗语"。例如，"乘客注意了，车子进站了，请大家尽量往里面走，东西放在前面，自己看好自己的东西"。如果驾驶员连续讲三遍这句话，那就是在提醒乘客，有小偷出现了，大家要当心。

第四，发现小偷要扒窃自己的财物时，正面注视他，让他明白自己已经被注意到了，小偷自然会罢手；发现小偷要扒窃他人时可以大喊"小心被偷"，可以引起他人注意，小偷也不好得逞。如果发现自己被偷，应通知司机或者售票员，或者发短信报警，尽量不要和小偷正面冲突。通常，司机会把车停下，关闭车门，等待警察的到来。同时，要注意是否有人往车外扔财物，以及是否有人相互传递财物。

第五，乘坐客车时，不要清点贵重的钱物，以免引起扒手们的注意；同时要保持清醒，留神小心，不吃陌生人给的饮料和食品；不能委托陌生人帮补车票或看管行李；停车休息时，如果需要下车休息，下车前要收拾好自己的行李物品，按顺序下车，并将贵重物品随身携带。

第六，公交车上人多且杂，几个小偷混迹其中难免让人防不胜防。反扒民警支招识别小偷：一看眼神，小偷的眼神总是习惯性地扫视别人的衣服和钱包；二看衣着，小偷喜欢穿肥大的外衣，袖子比较长，一般能遮住手的大部分；三看随身物品，小偷一般都随身携带掩护物，比如在胳膊上搭件衣服，手中拿着空书包、旧报纸等；四看表现，小偷喜欢在人多的地方不停地挤来挤去。

◈【案例三】◈吃碗拉面，丢了手机

小杜在餐馆点了面后就在座位上玩起了手机，听到面好了，他顺手把手机装进后裤兜里去取面。吃了几口后，小杜下意识地摸了一下裤兜，发现手机不见了。

◈【评析】◈除了公交车，人群拥挤的小吃店、地摊、商店、超市、医院结账窗口等公共场所也是小偷比较青睐的地方。被偷大多数情况下都是我们自己的防范意识不够，本案中的小杜便是这样。

◈【防范攻略】◈防扒窃，除了前述提示外，警察还提醒我们：首先，不要暴露钱款。逛超市时，装钱的拎包不要放在车篮内；就餐时，不要将包或者贵重物品挂在椅背上；在地摊上挑选物品，要将包放在身前；结账时，不要慌张，以免遗落财物；娱乐时，贵重物品也要放在身边；尽量不要在公共场所翻弄钱包，以免引起扒手注意，尾随作案。

其次，随身携带的钱款、手机不要放在外衣口袋或裤子插袋等易被他人看见或摸到的位置。

最后，发现小偷后，如果他要逃跑，应在确保安全的前提下，及时追出查看逃跑方向，认准体态、相貌、衣着，及时报警；如果窃贼有汽车、摩托车等交通工具，要记下车牌号码。

### ◈【案例四】◈藏在拉杆箱里的小偷

黑龙江航运公安局刑警支队接到两个受害人报案，称他们在乘坐哈尔滨至佳木斯长途客车时，被盗笔记本电脑一部、数码相机两部、手机一部及人民币一万余元。接警后，警方立即展开布控。当日 19 时许，民警在哈同公路金家收费站抓获两名犯罪嫌疑人。犯罪嫌疑人钟某 20 岁，卢某仅 10 岁，两人是同乡。

钟某供认，当日，他们由广州乘火车抵达哈尔滨后，买了一张哈尔滨至佳木斯长途客票。钟某让卢某钻进事先准备好的拉杆箱，之后将拉杆箱和装有作案工具的旅行袋一起放入长途客车底层行李仓。开车后，钟某用手机通知卢某开始行窃。卢某从拉杆箱爬出，取出作案工具进行盗窃，将盗得的财物放入装作案工具的旅行袋。车抵达佳木斯前，钟某电话通知卢某钻回拉杆箱，到达终点后，其带着拉杆箱和旅行袋下了车。

◈【评析】◈外出旅行可能发生种种不确定的风险，其中，旅行防贼是每个出行者必须要谨记的一项。旅行途中的公交车站、地铁站、火车站、机场周边、商业中心和旅游景点等地段，都是小偷经常作案的地方。旅行中若遭遇偷窃，不但大煞心情，还可能给出行造成一连串的麻烦，比如身份证和护照等重要证件被盗。尤其是在出行旺季，公共交通站和交通工具上人多拥挤，加上行李很多，心情又焦急不耐的时候，最容易被"小贼"下手。

窃贼的作案方式很多，归纳起来，主要有以下几种：第一，热心帮助，趁其不备。小偷会利用我们初来乍到、急需帮助的心理，假装走上前来提供热心帮助，目的是转移我们的注意力，制造机会下手。第二，制造混乱，趁火打劫。在人多的地方，一些团伙盗贼会制造事端，浑水摸鱼。团体作案的小偷行动大胆迅速，混乱场面都经过精心设计，时间短、收尾快、下手准，令人防不胜防。第三，交友聊天，顺手牵羊。青少年通常语言能力较强，喜爱和当地人交谈，殊不知，这也成为小偷们下手的切入点。第四，声东击西，防不胜防。转移注意力是小偷最常用的方法，对那些"人包分离"的游客下手更是易如反掌。比如，在我们脚边撒下一把硬币，我们若是贪小便宜，或想做好事，第一反应一定是弯腰帮忙去捡。这时，小偷便火速抄起我们放在凳子上的包，撒丫子就跑，或是立马将赃物转给同伙，我们想追早已来不及了。

◈【防范攻略】◈第一，出行前要给行李做好标记，在候车和乘车时切不可将行李置于视线之外，以防不法分子将行李"调包"；要将行李放置在怀中或脚下并要定期察看；如发现行李被"调包"，要立即报警。

第二，提前到车站，保证有充足的时间购票、进站、上车，避免匆忙中分散注意力；不要把财物放在外衣的衣兜里，要把随身携带的背包放在身前，购票、检票时钱物不要和车票混放，要准备零用钱，避免"露富"；进站上车时，要听从工作人员的指挥，有序地排队进站、上车，避免互相拥挤，不给小偷制造可乘之机。

第三，上车后要及时将自己的行李物品放好，不要随手乱放；上车时人多拥挤，我们在集中注意力寻找座位时，千万不能忽略自己的行李和口袋内的物品。车厢内有人故意用胳膊拦在我们眼前或领下，或附近有人不正常的骚动时，要特别注意此人和周边的人的行动；上车摆放行李时，要避免与形状、颜色相同的行李放在一起，以免下车时拿错，也防止一些不法分子"调包"。

第四，到站时，要特别注意看管好自己的行李和物品，防止小偷趁乱行窃。要外松内紧，如有巨款在身，应当保持高度警觉，外表显得自然轻松，不要捂住放钱的口袋或不时翻看提包，作出"此地无银三百两"的举动。贵重物品如数码相机之类，途中最好不要拿出来把玩。路途中使用过笔记本电脑的，要将电脑锁好并放在离自己最近和视线范围内的地方。如果发现失窃或有异常情况，千万不要慌张，抓紧时间报警，并向司乘人员和其他乘客寻求帮助。

第五，乘车要杜绝参与各种赌博类游戏，发现有人在车上设立骗局和赌局，应积极向乘警报案。不要吃不相识的人给的食品和饮料。若是老乡或者兄弟姐妹同行，最好分时睡觉，留一个人看护行李；若是一人旅行，可与同座位的旅客互相提醒。

第六，中途停靠站时，要尽量减少下车。如确需下车购物，要在确保自己携带的现金和物品安全的情况下，少带现金和物品下车。下车后要尽量避免到人多拥挤的地方。最好提前收拾好自己的行李物品，即使不下车，也应盘点清楚自己的物品，防止不法分子趁人多顺手牵羊。不要轻易相信陌生人，不要将自己的行李物品交给不认识或认识不久的人看管。

### ❖【案例五】❖超市结账，微信二维码被盗刷

二维码支付在极大地便利我们生活的同时，也隐藏着各种风险，其中一些不法分子，就打上了微信支付时二维码的主意。有人在超市购物后发现被莫名其妙刷走900多元，而收款人却不是超市。警方调查后发现，这是一种利用手机实施的二维码盗窃案。作案者专门在超市收银台附近游逛，寻找提前拿出付款二维码的人当目标，再趁机下手盗刷。

❖【评析】❖这种隔空盗刷，就是利用了我们的麻痹大意。为什么盗刷的金额都是 900 多元呢？这也是钻了微信支付小额免密的空子。在微信上开通小额支付免密功能后，小于 1000 元的商品不用输入密码就能够完成支付。我们为便于支付，会在排队时早早将付款二维码准备好，这给一些不法分子提供了可乘之机。这些人并不是直接用自己的微信扫描目标二维码，而是先通过一款 App 注册成商户，用该商户的名义盗刷，实际上就是通过该软件让手机变成了一台 POS 机，只要输入相应的金额，随时可以利用他人二维码盗刷资金。不仅是微信支付，使用支付宝时也存在这一风险。

❖【防范攻略】❖第一，手机不要开通免密支付功能。输入密码再付款，尽管不太便利，但是能保障资金安全。第二，结账时，不要着急，可以到柜台前再打开二维码，并且注意身边有无可疑人员，有人挨得太近时，要提高警惕，必要时可以用手遮挡一下 。第三，如果资金被盗刷，要保留好证据，尽快联系支付宝或者微信客服，将情况告知他们，并报警。如果是支付宝，它有个全额赔付的承诺，也会通过技术手段追溯到资金到账账户，为我们追回资金。微信支付也有相同的承诺。我们可以在微信账单详情中点击"寻求平台帮助"，点击"资金被盗刷"申请赔付。

# 三、防抢劫、防抢夺要讲策略

抢劫、抢夺是以暴力、胁迫或其他方法强行抢走财物的行为，具有较大的危害性、骚扰性，容易转化为凶杀、伤害等恶性案件，严重侵犯我们的财产及人身安全。

针对青少年的抢劫、抢夺，校园内也不是完全的安全之地。受校园环境的制约，校园内的抢劫、抢夺案件一般发生在师生休息或校园内行人稀少的时间，地点一般是在校内比较偏僻、人少的地带，例如树林中、小山上、远离宿舍区的教学实验楼附近或无灯的人行道、正在兴建的建筑物内。抢劫和抢夺的主要对象是携带贵重财物的、单身行走的、晚归无伴或少伴的、谈恋爱滞留于偏僻无人地带的学生；作案人一般对校园环境较为熟悉，往往结伙作案，作案时胆大妄为，作案后易于逃匿。因此，我们无论在校内活动还是出门在外，都要有安全意识，保护好自己。

❀【案例一】❀ **15岁女生手机被抢，追击抢匪从车上跌落丧命**

15岁的小婷在放学路上遇到一名男子询问时间，她刚掏出自己的iPhone，这名男子就将之夺走并跳上旁边接应的汽车。小婷情急之下追了过去，并跳上汽车的后备箱，当车子转弯时，她被甩了下来。不幸的是，小婷摔下时撞到了头部，住院两天后不治身亡。据悉，这部 iPhone 是她的妈妈一周前送给她的生日礼物，没想到却变成了催命符，真是令人扼腕叹息。

### ❈【案例二】❈路遇抢劫，3 名同学勇斗歹徒

2013 年 1 月 13 日下午 5 时许，北京一所中学的 3 名高中生考完试后结伴回家，走到一个广场东侧的时候，突然遇到 4 个拦路抢劫者，其中一个瘦高个与一个同学先厮打起来。瘦高个掏出了一把一尺多长的砍刀砍向这位同学，其他两位同学急忙上前帮忙，把对方摁倒在地，夺过长刀。其他几个抢劫者见此，便说："你们把人放了，我们也不要钱了。"3 名同学放了那人，但是没有走多远，4 名歹徒又一次追上来，他们这次拿了 3 把砍刀和一根木棍。在双方对峙的时候，其中一名同学抽身到附近的电话亭拨打了110。不一会儿，警察来了，3 名同学协助警察将 4 名歹徒抓住。3 名同学此时身上已被砍了许多刀，但是因为衣服穿得比较厚，并没有受伤。被抓的 4 名抢劫者最后被判刑，这 3 名同学受到了表扬。

### ❈【案例三】❈高中生半路被抢，冷静追踪抓获歹徒

某中学高中一年级的小亮在经过一条小道前往学校时，被两个突然窜出的歹徒拦住，他们用匕首抵着小亮的胸口，要他把身上的钱拿出来。小亮没有反抗，把身上的 1000 多元学费全都掏了出来。抢劫顺利，两个歹徒没有伤害小亮

而是迅速逃离。小亮悄悄地跟了上去，始终和歹徒保持一定的距离。走了十几分钟后，见两名歹徒进了一间出租屋，小亮记住了门牌号码，立刻报了警，并引导警察找到歹徒，歹徒最终被绳之以法。

◈【评析】◈中小学生被抢案件多发生在中小学附近，犯罪分子多选择在学生放学的路上将目标挟持至偏僻处，以语言恐吓、持木棍殴打等方式抢劫，平时穿戴、个性较张扬，喜欢小显摆，喜欢在学校附近小卖店或摊贩处购买零食、玩具或学习用品的学生容易成为目标。当然，还有一些抢劫案件是随机的。

我们选择这三个案例是想告诉大家，万一遭遇抢劫，在同犯罪分子作斗争时，除了勇敢之外，还需要智慧，讲究策略。如果有能力足以制服犯罪分子，可以勇敢地同其搏斗，实施正当防卫；如果没有能力将其制服，就应该采取多种方法脱身，常见的有"呼救脱身法""周旋脱身法""恐吓脱身法""对犯罪分子进行说服教育法"等，具体采取哪一种要审时度势，注意不要因此激怒对方而使自己陷入更大的危险。案例三中的小亮在面对持刀抢劫时未作反抗的应对方式，我们是赞成的。案例二中的3名同学很勇敢，但我们并不鼓励青少年轻易效仿，更不赞成案例一中小婷的做法。"两害相权取其轻"，在面对拦路抢劫时，要保住最大的合法权益。大家要记住，相较于财产安全，人身安全永远是第一位的。遭抢之时，要努力挣脱，尽快逃离，不要恋财、恋物。

◈【防范攻略】◈第一，上下学期间，如果学校离家近，建议大家结伴回家，相互帮助，发现有可疑人跟踪尾随，要提高警惕。不要独自到行人稀少、阴暗、偏僻的地方，尽量避免深夜晚归。外出时，如果发现可疑人员及车辆尾随，要避开或报警，深夜最好选择打车回家。

第二，身上不要携带太多的现金或贵重物品，不要佩戴金银首饰或玉器，穿戴要适宜；平时，不要花钱大手大脚，以免引起不良青少年或犯罪分子的注意。外出时挎包要单肩斜挎，走在人行道内侧。

第三，应对抢劫应讲究策略。如果在人员聚集地区遭到抢劫，应大声呼救，震慑犯罪分子，同时尽快报警。如果在僻静地方或无力抵抗的情况下，应放弃财物，确保人身安全，待处于安全状态时尽快报警。切勿盲目追击、正面对抗歹徒。尽量记下歹徒的人数、体貌特征、所持凶器、逃跑车辆的车牌号及逃跑方向等情况，并尽量留住现场证人。

第四，及时报案。作案人得逞后，有可能继续寻找下一个抢劫目标，更有甚者在附近的商店、餐厅挥霍。如能及时报案，准确描述作案人的特征，有利于有关部门及时组织力量布控，抓获作案人。

# 四、防范敲诈勒索不能掉以轻心

敲诈勒索是指以非法占有为目的，对被害人使用恐吓、威胁或要挟的方法，非法占用被害人财物的行为。发出威胁的方式多种多样。例如，一些不法分子会在上学放学的路上截住某位同学，威胁他带钱带物；有些不法分子，选择好对象后，会将索要的物品或现金数目写在纸条上，让其他同学带给对方。有时候，不法分子也会以揭发作弊、盗窃等违法违纪事实或不良行为等相要挟，索要财物。我们既要清楚地知道敲诈勒索是一种犯罪行为，不要做一些违法的事情，害人害己，也要掌握一些遇到敲诈勒索时的应对措施和方法，保护好自己。

◈【案例一】◈为玩游戏向同学索要钱财

王某年仅 16 周岁，是某中学的学生，因沉迷于网络游戏，父母不给钱，于是他想到了向同学要钱。经过观察，他选择了同学方某，威胁方某说，自己认识许多社会上的人，不给钱就叫人来打死他。方某很害怕，将自己身上的 50 元钱给了王某，得逞后王某陆续向方某要了 3 次钱。王某还用同样的方法向其他四五位同学要钱，共计 2000 余元。最后一次，王某逼方某拿 200 元，方某不给，王某便将方某带到一偏僻地方，用玻璃刮方某手掌，并要求方某第二天中午把钱拿来，否则就叫人来打死他。方某吓得不敢上学，其父亲知道原委后，马上到公安机关报案。王某被抓获归案，受到法律处罚。

◈【评析】◈青少年走上敲诈勒索的歧途一般有三个发展阶段。第一个阶段，借同学的衣服等物品或数额较小的零花钱，不主动、不及时归还，在被借者多次向其催要的情况下，才不情愿地归还。当以"借"的名义向其同学索要财物时，就进入了第二阶段。在这一阶段，通常索要的钱物比较少，也有的会采取变相敲诈的方式，掏少量的钱让对方去买比较贵重的东西。第三阶段的突出特征是肆无忌惮地强行索要，不从则拳脚相加，而且索要次数频繁，数额较大，少则几十元，多则几百元、上千元，甚至逼着同学写欠条，在校内明目张胆催要"借款"。

这种发生在学生之间的敲诈勒索行为，产生的原因是多方面的。首先，少数学生受到社会上拜金主义、享乐主义思想的影响，并从敲诈的成功中获得一种欺负弱者的心理满足，轻易得手的钱财更刺激他们反复实施敲诈。这些实施敲诈行为的学生对自己行为的严重性普遍认识不足，认为至多是违反校纪，而根本意识不到这是一种违法犯罪行为。其次，一些家长对孩子的生活、学习很关心，但对思想情况缺乏了解，对孩子思想上的不良苗头不能及时发现；有的家长虽然知道自己孩子的行为不对，但认为孩子只是调皮而未意识到事情的严重性，以致未能及时引导教育。再次，学校出于各种考虑，对实施敲诈勒索同学行为的学生大都采取批评教育等方式，对于个别情节严重的学生来说，未能受到相应强度的惩罚，教训不深刻，甚至屡教不改。最后，被敲诈的学生，作为受害者，迫于对方的气焰，或胆怯不敢求助，或认为被人欺负是懦弱的表现，是丢人的事，也怕遭到报复，便自认倒霉，不告诉学校和家长，助长了敲诈者的行为，也使自己长期深受其害。

◈【防范攻略】◈青少年之间的敲诈勒索行为危害极大，被敲诈的学生，有的长期处于恐惧不安中，心理负担沉重，学习成绩下降，严重影响身心健康；有的还会产生报复心理，或雇佣他人复仇，或模仿变身为新的敲诈者，走向犯罪的道路。所以，这一现象，应当引起全社会尤其是教育工作者的足够重视，并采取切实有效的对策加以预防和教育。作为学校，一要加强对学生的道德教育，坚决与社会上唯利是图的拜金主义思想划清界限，树立正确的消费观。二要坚持依法治校，使学生从思想上树立起遵纪守法和依法维护自己的合法利益及人身安全的观念。三要全面实施素质教育，切实抓好对后进生的转化工作，不让一个学生掉队。四要分情形，做好教育挽救工作。对于情节轻微，通过批评教育，能认识到错误并悔改的，要与家长配合，跟踪观察。对于情节严重，可能触犯法律的，及时向公安机关和教育行政部门报告，并配合相关部门依法处理。对于被敲诈的学生，要做好心理疏导，与家长共同努力，帮助孩子走出阴影。五是加强校园管理，不留安全死角。同时，公安司法、宣传、文化等部门应密切配合，大力净化社会环境，为青少年成长创造一个健康、向上、文明的社会氛围。家长注意保持与学校的联系和沟通，及时了解孩子的心理变化，对不良苗头及时加以矫正，防微杜渐，消除孩子与犯罪不会沾边的侥幸心理，自己和孩子都应明白，在罪与非罪之间没有一条不可逾越的鸿沟，有时只是一念之差。

青少年在遇到敲诈勒索时一定要保持冷静，尽量说好话，稳住对方，说明自己没带钱，避免正面冲突。同时，如果无法脱身，可以借口身上没钱，约定时间地点再交，然后立即报告学校和公安机关。警方会及时采取行动抓捕坏人，他们就再也不能伤害我们了。发现其他同学被敲诈、勒索，要及时拨打110报警，并通知老师。一定要相信警方、学校和家庭都能为我们提供安全保护。如果轻易屈服于对方，会助长他们的嚣张气焰，也会招来无穷无尽的纠缠。

◈【案例二】◈初中生频遭暴力敲诈

某中学初二学生小李在放学回家的路上遇到了3名年龄比他稍大的少年。他们将小李拉到一个僻静处，为首的康某上前打了小李一个耳光，恶狠狠地问："你认识我吗？"小李胆怯地答道："不认识。"赵某上前又打了小李一个耳光，说："你敢不认识我大哥？"小李怕得要命，只好说："认识。"这时，吴某出手又是一个耳光："胡说！你知道我大哥叫什么？"被打得晕头转向的小李哭着说："别打了，你们要干什么?"

凶神恶煞般的康某一把抓住小李的衣领,说:"听说你们家很有钱,大哥我今天玩游戏没钱了,向你借一点,怎么样?"小李说没钱。赵某和吴某用脚朝小李身上乱踢:"你敢骗人,我们都打听过了,你们家很有钱!"迫于他们的淫威,小李从口袋里掏出100元钱才得以脱身。

从此以后,他们就盯上了小李,今天搜身,明天拳打脚踢,后天用烟头烫,手段一次比一次残忍。尽管屡次遭受他们的侵害,但小李怕他们报复,始终不敢吱声。在几个月里竟被3个"恶少"抢劫敲诈掉人民币3500多元。

### ◈【案例三】◈每天5元钱的保护费

初三的小明在放学途中和同学发生冲突,一个姓陈的少年恰好路过,帮小明打跑了对方。小明非常高兴,请陈某吃了一顿肯德基。但是陈某并没有满足,分手时,他拍了拍小明的肩说:"以后就由我罩住你,谁欺负你,你尽管告诉我,我来修理他。但你每天要给我5元钱的保护费。"小明听了大吃一惊:"我没有那么多钱。"陈某立刻变了脸色:"你敢不给,我见你一次打你一次。"小明胆怯地答应了。

小明身上并没有什么零花钱,每天父母只给他5元钱的午饭钱,以后他便将这5元钱交给陈某,自己中午只能喝点水。就这样持续了4个多月,直到父母发现孩子越来越瘦,再三追问下,小明才说出原委。

### ◈【评析】◈在校园内外,敲诈勒索学生的违法行为时

有发生，对此，必须高度警惕。青少年出行在外，尤其是形单影只时，往往更容易成为敲诈勒索的目标。从以上案例中，我们发现，青少年被抢劫敲诈勒索，多发生在晚上或午间校园附近比较偏僻、人少的地方，被抢劫敲诈勒索的对象当时大多独处或独行，且平时身上带有一定的现金或贵重物品，为人比较胆小懦弱；而敲诈勒索者对被害人和作案场所都比较熟悉和了解，作案手段多采取欺压打骂、威逼引诱等，且比较暴力，多携带武器。

❖【防范攻略】❖在公共场合遭遇公然敲诈勒索时，应大声喊叫，并及时向家人或老师报告。越胆小怕事、越不敢声张，对方就越嚣张。如果情况紧急，有生命危险时，应采取一切方法保全自己的生命。遇到敲诈勒索，不能急躁，不能硬拼，也不能一味忍让顺从。硬拼的结果会导致无谓牺牲，一味忍让顺从将会招致无穷后患。下面介绍几种方法供大家参考：

第一，反抗法。当对方与我们相当或不及我们时，可猛地用手脚反击，制服对方；当对方有一薄弱处时，我们可出其不意揪住不放控制对方；当我们发现地上有反击物（如石块、木棒）时，我们可佯装蹲下系鞋带捡起来震慑对方。欺软怕硬是施暴者的共同特点。

第二，感召法。通过讲道理，晓以利害，启发对方；或义正词严地怒斥对方，使其自我崩溃，自动放弃违法行为。因为敲诈勒索者中也有初犯、偶犯者，其心理较为脆弱。

第三，周旋法。佯装服从，稳住对方，分散对方注意力，松懈对方警惕性，拖延时间，寻机报警。

第四，号叫法。突然倒在地上打滚，喊叫号哭，引来旁人围观，趁机脱身报警。

第五，认亲法。当不远处有大人时，可以佯装惊喜万分，跑过去高呼"表哥"或"二叔"，把不法分子吓走。

第六，抛物法。把书包或身上值钱的物品向远处抛去，并大声地说："给你！给你！全部给你！"当对方忙于捡钱物时，快速脱身报警。

第七，放线法。佯装害怕，暂时答应对方条件，约定时间、地点交钱物，待对方离开后报警。

# 五、防消费陷阱要理性勿冲动

消费陷阱是指商家在销售商品时通过一些隐形的手段向消费者出售或变相出售消费者并不需要的商品，或者向消费者提供劣质低廉的商品或服务。尤其在节假日，多数商家会推出一些促销活动来吸引消费者消费，这些活动中有些暗藏了隐形的消费陷阱。在日常生活中的消费陷阱主要有：第一，虚假广告，就是商家通过设置虚假降价或价格打折欺诈消费者，或以推广所谓的新技术等进行消费欺诈。第二，免费服务。经营者往往在消费者接受所谓"免费服务"后，又提出许多不公平的条件强迫消费者接受。"免费服务"实为陷阱诱饵。第三，"试用试吃""义卖"。一些不法之徒抓住消费者贪小便宜的心理和同情心，在商场小区常常举办所谓"试吃、试用""义卖"活动，承诺能够免费试用或提供上门服务，以异常的热情骗取消费者信任，实际上产品价格远远高于市场价格。消费者如果想退换，销售者马上变脸，恶语相加，侮辱消费者。类似销售行为甚至可能演变成新的传销或变相传销活动。第四，"您中奖了"。不法分子通过电话、短信、信函等形式告知消费者，已经中了某某公司的大奖，奖金几十万或者奖轿车等贵重物品，要求消费者先支付所谓的"中奖费""所得税""律师费""审计费"等。消费者汇去款项后，不法分子立即销声匿迹。第五，"返券促销"。很多商场在销售过程中频繁采用"返券促销"手段，在广告信息上含糊其辞，真正拿到返券后，又有诸多限制和条件，其实本质就是有意误导消费者的不理性消费行为。第六，网络交易骗局。近几年，由于其交易方式的特殊性以及监管的困难，消费者通过网络交易购物权益受到损害的情况时有发生，如收到的物品与宣传不符、功能欠缺，甚至是残次品；卖家提供虚假信息，收钱不发货，骗取钱财等。第七，中介服务骗局，主要表现为通过媒体或微信发布虚假广告，诱骗消费者上当；利用不平等的格式合同欺诈消费者，扩大消费者的义务，减少经营者的责任；向消费者提供不全面、不真实的信息，对市场需求大的行业随意加价。第八，预付费消费打折卡或团购充值卡。消费卡名目繁多，一些不法商家先诱使消费者存入一笔不小的金额，但后续服务跟不上；或者在消费者存入一笔金额后商家就销声匿迹。第九，骗取、变卖个人和家人信息。以出售某种商品或服务为由，要求消费者留下个人和家人信息。之后，擅自泄露或变卖，致使消费者不仅遭受垃圾短信和电话的骚扰，还要承受不法分子利用消费者的个人信息进行诈骗的风险。第十，用发票折价或购物小票换礼品。发票和购物小票是证明双方买卖关系的凭证，没有发票和购物小票，商品有问题时，维权就无从说起。在购物和消费时，一定要求卖方出具发票和购物小票或服务收费清单，不要贪图便宜。

## （一）提防团购陷阱

### ◈【案例】◈团购充值卡遭遇"钓鱼网站"

小刚在某团购网站上看到一则低价团购电话充值卡和游戏点卡的广告："团购 5 折优惠，面值 200 元的卡只要 100 元。"为了避免上当，他仔细查看了页面，发现已有 400 多人购买，而且是付款到对方支付宝账户。小刚点击页面上的付款链接，很快将 300 元钱通过自己的网上银行汇给对方指定的支付宝账户。付款成功后，跳出的对话框显示："成功购买 600 点。"网站客服人员表示次日即可发货。第二天晚上，小刚再次上网查询，该团购页面却始终无法打开，客服电话也无人接听。小刚联系了支付宝，后者查到了这笔交易记录。小刚的钱确实是支付给了一家专门从事充值卡和网游点卡买卖的卖家，但该卖家是一家正规商家。按照支付宝相关人员的分析，该团购网站是一个"钓鱼网站"。

小刚上网搜索该团购网站的信息，发现和他有着相同遭遇的人不少，其中还包括北京、济南、宁波、杭州、重庆、石家庄、青岛等地的消费者。据不完全统计，有上百名消费者通过该团购网站购买了充值卡。

◈【评析】◈本案中小刚的钱既然是给了正规的商家，但为什么没有发货给他，是商家骗了他吗？其实不是。正像支付宝工作人员分析的那样，小刚遇到了钓鱼网站。所谓"钓鱼网站"，是一种网络欺诈行为，指不法分子利用各种手段，仿冒网站的地址以及页面内容，或者利用真实网站服务器程序上的漏洞，在站点的某些网页中插入危险的代码，以此来骗取用户银行或信用卡账号、密码等私人资料。本案中钓鱼网站的欺诈手法，就像张三去一家商店买东西，结账时把收银单给了李四让他去付款，最终张三不花分文拿到商品，吃亏的却是李四。本案中小刚就是替"钓鱼网站"背后的不法分子埋单的"李四"。由于充值卡、游戏点卡、Q币等虚拟商品和实物商品相比，有无须物流、即时到货的特点，因此成为骗子青睐的结算工具。

和动辄诈骗数万、数十万元所得相比，制作、运营一个"钓鱼"团购网站的成本非常低。网上有不少人专门卖"钓鱼网站"的网站模版，便宜的甚至只要几百元就能买一套，拿这个模版就能反复制作"钓鱼网站"。目前，相当数量的"钓鱼网站"风格雷同，这与幕后的操控者使用相似的模版有关。当然，要开办这样一个团购网站还需要注册一个域名，这需要缴纳几十元到上百元不等的年费。几乎所有的这类网站都没有工商、工信部门的相关登记注册，更谈不上营业资质和实名的审批程序。所以，这些网站想开就开，出了问题可以随时关掉，完全不必担心上当的消费者找上门来。如果网站想"演"得更加逼真，可以去申请一部"400"电话，仅需出示一张身份证件，一般花上六七百元就能搞定。不法分子往往会用假的身份证件进行申请。然后再招聘几名客服人员，租一间房间，买几部电话，团购公司就成型了。

需要注意的是，团购网站坑人一般有以下四招：

第一招，打折叫卖高价商品。骗子团购网站一般主打加油卡、数码产品等数额大的商品，且折扣力度很大，以此来吸引消费者。而这些商品在市面上一般很少打折。

第二招，后台操纵团购人数。在团购网站上，商品的购买数量越高，团购人数越多，网民就会觉得商品有保障。实际上，购买人数可能被操作。很多骗子团购网站通过后台技术，随意更改团购人数和购买数量。

第三招，克隆知名网站页面。网络"黑客"打着团购网站的旗号，将域名和页面风格做得与知名团购网非常接近。

第四招，一旦得手金蝉脱壳。骗子团购网站一般生存周期不超过一周，一旦得手，网站就会"蒸发"，消费者再也无法通过他们所留的客服电话、QQ 联系。这帮人随后可能还会再利用网站模版更换域名和名称，对外观稍作改变后重新上线。

◈【防范攻略】◈第一，付款前查查网站有无不良记录，最好选择知名度高、口碑好的团购网站，摸清团购网站的实力和底细。首页界面的底端如果有一行标注着 ICP 的一组数字，就证明该域名经过了正规备案。

第二，一定要看一下往期团购信息，了解该团购网站的更多团购信息，比如团购网站开团时间、团购哪方面商品或者服务等详细信息。

第三，付款时，采取货到付款或选择在信誉度高、保障安全交易的第三方支付平台开设自己的账户。

第四，在消费之前就应记下团购网站的投诉电话，并尽量保存好网上聊天记录、订货单据等重要资料，还可以通过录音、拍照等形式保留确认短信等相关证据。

## （二）警惕刷卡消费陷阱

### ❖【案例一】❖刷卡纸下面的"玄机"

阿美和朋友去餐厅消费了几十元钱，吃完去刷卡。但在刷卡单上签完名后，感觉此次签名的单据比之前的厚很多，就多留意了一下。不料，却发现在她签名的单据下面竟还有张几百元的刷卡单。服务员马上慌张地把后面的纸撕掉，解释称太忙刷错了。

❖【评析】❖此案的"玄机"在于，由于签名单用的都是无碳复写纸，阿美只要在上面那张自己的刷卡纸上签名，下面那张更大金额的纸上自然也印有自己的签名。而酒店埋单的人很多，经常有几桌同时结账，有些顾客会用现金结账。一些服务员会把现金结账的金额再用另一桌的银行卡刷一遍。如果使用银行卡的顾客没有发现，并且因为复写纸签了该顾客自己的名字，那么，那位用现金结账的人的钱自然就流入了服务员的口袋。在这种情况下，就算报警，服务员也可以推得一干二净，说是有卡主本人的亲笔签名，他们什么也不知道。所以，我们刷卡时一定要多长个心眼，看一看到底签几张单。

❀【防范攻略】❀第一，刷卡消费时，输入密码的过程应遮挡按键。同时，确保银行卡一直在自己的视线范围内。若发生交易错误或取消交易的情况，一定要把错误的交易单当场撕毁或者请服务员开一张签账单以抵消原交易，然后重新交易，或者取得商家的退款说明。

第二，碰到刷卡密码有误或输入正确密码不能使用等情况时，应尽快核查信用卡内的账面余额。消费者可以从银行的服务热线查询个人消费信息。遇到信用卡上的钱被误划时，应及时与商家联系协商解决。

第三，交易单据签名要与留给银行的名字及笔迹相同，以免银行拒绝交易或出现纠纷时无法保护自己的权益。如果被要求签两次名，一定要核实清楚。在交易单据上签字前，应注意核对购物金额，正确无误方可签名。

第四，在任何场合刷卡埋单的时候，千万要记住"卡不离身"。有些人特别是吃饭埋单时，习惯将卡给服务员拿到收银台去刷，这样会给一些不法分子有机可乘，我们应该亲自拿卡进行埋单。

第五，信用卡或者借记卡最好到银行设置"短信提醒"，也就是说，只要有刷卡行为，银行会及时发送短信提醒，消费得明明白白。收到"短信提醒"后，要第一时间阅读。有些人刷完卡听到短信声，"很有把握"地认为是银行发来的提醒信息，不及时查阅，会导致各种问题。

❋【案例二】❋对账单上的"猫腻"

小何请两个朋友一起去吃烤串，结账的时候，服务员拿着账单过来说 200 多元，小何爽快地就要掏钱，一个朋友却提醒他应该看看账单。这一看可就看出问题了：本来应该 3 元一串的鱿鱼在账单上打的却是 8 块钱一串，一共要了 5 串，账单上显示 40 块钱。小何叫来服务员，服务员解释说是打错了，并重新出了账单。

❋【评析】❋很多人去外面用餐结账都不会对账单，尤其是在请朋友吃饭的场合，有些人是根本没有这个习惯，有些人则是"面子"作祟，觉得对账单会让朋友觉得自己抠门。这也就给一些不良商家提供了机会，有些是在菜价上做手脚，结账的菜价和菜单上不一样；有些则是在菜的数量上"动脑筋"，明明是三个菜最后却掏了四个菜的钱。诸如此类的事件，虽然不常发生，但也不新鲜。

❋【防范攻略】❋防范此类事件的方法只有一个：要养成对账单的习惯，做个明明白白的消费者。

## （三）当心消费中的价格欺诈

❋【案例一】❋电子市场的"猫腻"

小赵和同学一起去某电子市场选购笔记本电脑。一进大楼，还没有明白过来怎么回事，他们就被几个导购团团围住，热情地拉他们去店里看一看。最终小赵被一名导购拉进了电子城 3 层一家门市看样机。因为该门市展出的样机有限，门市负责人让店内一个员工带他们上了 9 层，说那里正在举办一个展销，品牌多、型号多。在那里，姓沈的销售经理非常热情。他们经过一番试机、查看配置、谈价钱，最后以 6400 元的价格敲定一款华硕电脑。沈经理说先让小赵刷卡付款，他去提货。小赵这边刷完了卡，沈经理却说华硕那款机子现在没货了，又转而推荐了宏基的一款电脑。看小赵有些犹豫，沈经理便说宏基的电脑配置和华硕的差不多，而且华硕那款维修成本比较高，不久就会淘汰。小赵当时有种上当的感觉，可是钱已经进他们的账户了，小赵只好拿了那款宏基的电脑。回家调试时，小赵发现这款电脑竟然没有内置无线网卡，和最初选中的华硕配置根本不同。上网一查，发现这款宏基电脑的商家报价只有 4500 元，而在正规的电子商场的统一售价是 4999 元。于是，小赵打电话给沈经理询问价格悬殊一事，对方给出的答复是，确实宏基那个系列的电脑有售价 4000 多的，但小赵拿走的那款配置高，处理器也是最新一代的，自然价格高。听完解释，小赵暂时放心了。然而，一周后，小赵再次来到电子城，意外发现自己那款电脑只售 4000 多。发现自己被骗了将近 2000 元，小赵在父亲的陪同下找到沈经理反映情况，希望退回多收的钱。沈经理也承认价格是高，但坚决不退钱，并说："这钱进了老板的腰包里还能再拿出来？你们也别不平衡，这里从上到下一条龙，全黑着呢。我看你是学生，也让你长点见识，在外面生存就得这样。

你在我这买还不算吃亏呢，你在别人那买还不知道赚你多少呢，我一台电脑才赚你1000。赚你1000咋了？我实话告诉你吧，当初那款华硕根本就有货，但那款成本就7000多，我能6400卖你吗？我不把价说低点，你也不会进我这门呀！"

几经周折，小赵通过媒体将问题反映给了电子城上级管理部门，最后经核实，沈经理的确采用虚报价格吸引消费者，待消费者刷卡付账后，再以断货为名推荐其他低价货品的欺诈手段获取暴利。

◈【案例二】◈现金券的"秘密"

某百货商场在其卖场内的广告牌上标示："凡在本商场购物满300元即送50元现金券一张。"小华和朋友凑单一次性消费了600元，换了100元现金券。当他们拿着现金券准备消费时，发现现金券的使用是有附加条件的：不能参加其他促销活动，且单件商品满300元以上才能使用。但是，商场并未将这些附加条件在其卖场的醒目位置公示。

◈【评析】◈生活中最常见的价格欺诈行为是虚构原价。很多购物场所为吸引消费者注意，故意抬高原价再打折，诱使消费者购买。实际上折后价可能就是原价，甚至比原价还高，这是典型的价格欺诈行为。另一种常见的价格猫腻是虚假宣传。而对照价格法律法规，销售商品含有价格附加条件时，必须在宣传广告及店堂内醒目位置将附加条件标示清楚，没有在经营场所显著位置明确标示的，属于价格欺诈行为。除此之外，常见的价格欺诈还有"不履行价格承诺"。另外，商场内的最低价、出厂价、批发价、特价、极品价等价格无依据或无从比较的，也属于价格欺诈行为。如某商场在销售一品牌照相机时，广告牌上标示"全市最低价"，但该"最低价"毫无依据，卖场也不能提供相关证明。

根据我国《价格违法行为行政处罚规定》，经营者价格行为构成欺诈的，物价部门将责令其改正，没收违法所得，并处违法所得 5 倍以下罚款；没有违法所得的，处 10 万元以上 100 万元以下罚款；情节较重的处 100 万元以上 500 万元以下的罚款；情节严重的，责令停业整顿，或由工商行政管理机关吊销营业执照。但这一处罚数额对于动辄销售额过亿的大型零售企业来说"不痛不痒"，他们并不会从中吸取教训。违法成本过低，导致许多大型购物场所的商家和企业心存侥幸，认为在几万种商品中，执法部门不可能发现其中有问题的一两种。因此"价格猫腻"成为行业的普遍现象。

在购物和消费时注意防范以下 7 种价格欺诈行为：

其一，虚构原价再打折。商家标示一个虚高的价格为原价，再大幅度打折。实际上这个原价从未成交过。

其二，使用误导性语言。商家采用以令人误解的语言文字或是图片标价，甚至直接使用欺骗性语言文字图片诱骗消费者与之交易。

其三，不履行价格承诺。商家以商业广告、产品说明、店堂告示等，对商品或服务价格明确承诺，但交易时却不履行价格承诺。

其四，虚假标示。标价签、价目表等所标示商品的品名、产地、规格、等级、质地、计价单位、价格、收费标准等与实际不符。

其五，虚夸标价。商家在其经营场所以"全市最低价""所有商品价格低于同行"等文字进行宣传，以此招徕吸引消费者眼球。

其六，阴阳价目表。商家同时使用高低两种标价表，以低价招徕顾客，再以高价进行结算。

其七，隐瞒价格附加条件。商家在促销活动的广告、店堂告示等载体中，故意向消费者隐瞒价格交易的附加条件，或用模糊笼统的语言进行描述。

◈【防范攻略】◈第一，尽量选择在正规商家购买商品。

第二，选购商品时最好"货比三家"，看清楚了再下手。不要盲目相信商家打出的"跳楼价""最低价"等噱头，不要以为促销时买到的产品就是优惠的产品，更不可不问价盲目消费。在议价过程中，如果商家的报价远远低于市场参考价格，则更要提防价格欺诈；如果消费者发现遭遇欺诈并协调未果，要及时向市场部举报，市场部会协助维权或先期赔付，确保自己的正当权益，千万不可与商家争吵，甚至打架斗狠。

第三，消费者购物完成后，立即仔细核对小票，检查有无结账与标示价格不符等问题。倘若发现价格欺诈行为，请保存好购物小票等相关证据，并及时拨打 12345 政府服务热线或者 12358 价格举报热线进行举报投诉。

　　同时，我们也呼吁商场管理者以及物价、工商等相关政府部门加大执法力度，对恶意欺骗消费者的行为进行有效的治理。